SOLUTIONS DÉVELOPPÉES

DES QUESTIONS PROPOSÉES

DANS LE COURS ÉLÉMENTAIRE

DE

TRIGONOMÉTRIE RECTILIGNE

PAR

A. GUILMIN

PROFESSEUR DE MATHÉMATIQUES

NOUVELLE ÉDITION

REVUE, CORRIGÉE ET AUGMENTÉE DES SOLUTIONS DES QUESTIONS (N)
PROPOSÉES DANS LA 5ᵉ ÉDITION

PARIS

ALPHONSE PICARD, LIBRAIRE,

82, Rue Bonaparte.

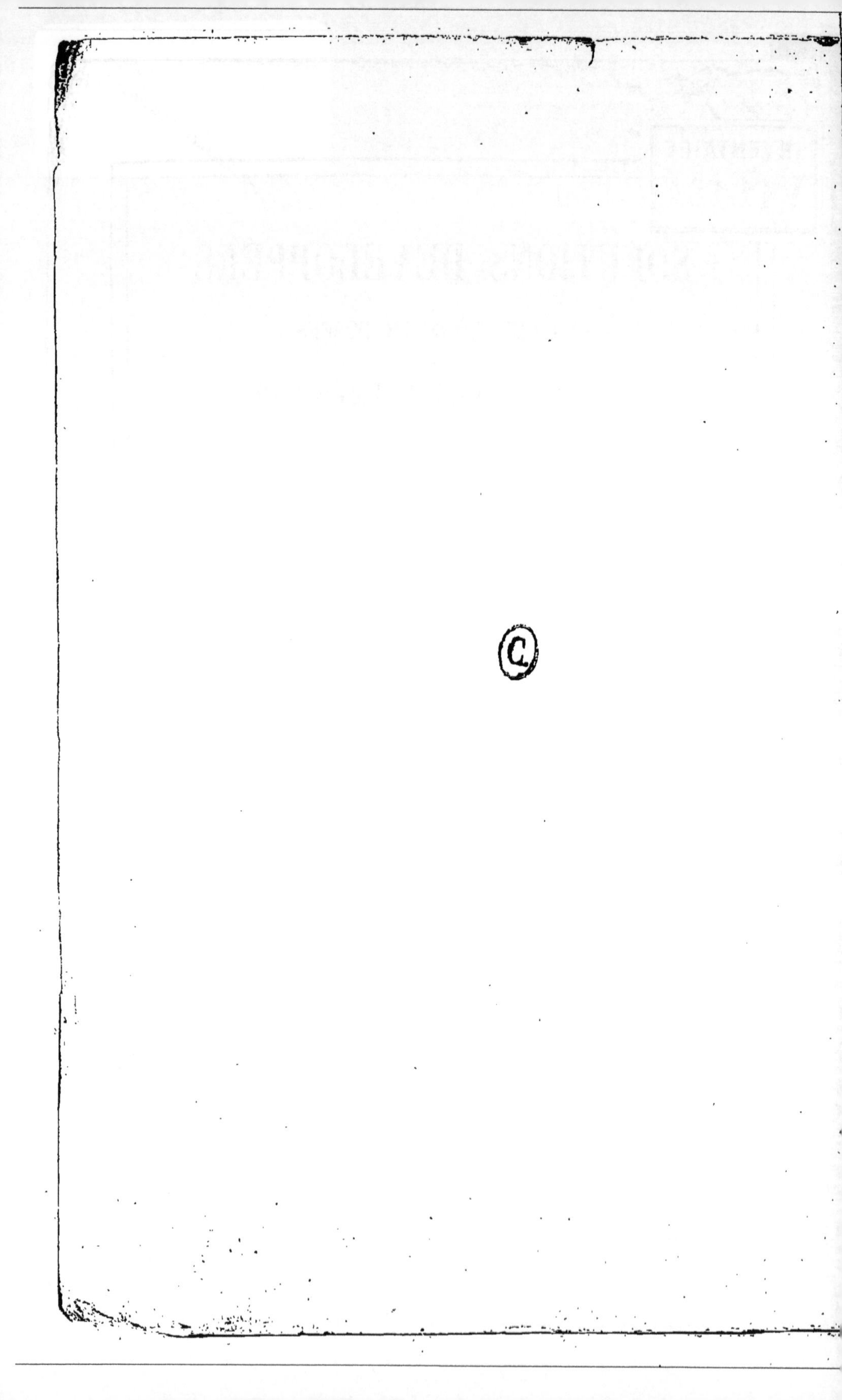

SOLUTIONS DÉVELOPPÉES

DES QUESTIONS PROPOSÉES

DANS LE COURS DE TRIGONOMÉTRIE RECTILIGNE

OUVRAGES DE M. A. GUILMIN
En vente chez M. Alph. Picard.

COURS COMPLET D'ARITHMÉTIQUE (N° 1),

renfermant un très-grand nombre d'applications les plus usuelles
au commerce, à la banque et à l'industrie. 17e édition. In-8. Prix : 4 fr. 25.

ÉLÉMENTS D'ARITHMÉTIQUE THÉORIQUE ET PRATIQUE (n° 2),

à l'usage des instituteurs et des élèves les plus avancés, des écoles normales,
et des classes primaires et commerciales. 9e édition, Prix : 1 fr. 75.

ÉLÉMENTS D'ARITHMÉTIQUE (n° 3),

à l'usage des classes primaires et des classes élémentaires, 1 vol.
7e édit. Prix : 1 fr.

RECUEIL DE PROBLÈMES SUR LES SUJETS LES PLUS USUELS,

annexe et supplément aux arithmétiques 1, 2 et (3). 3e éd. in-18 j. 1 fr. 25.

COURS COMPLET DE GÉOMÉTRIE ÉLÉMENTAIRE (N° 1),

11e édit. Prix : 4 fr. 50.

COURS ÉLÉMENTAIRE DE GÉOMÉTRIE (N° 2),

à l'usage des classes primaires, des classes élémentaires et des instituteurs et des
écoles normales primaires. Grand in-18 jésus cartonné. 2 fr. 25.

COURS COMPLET D'ALGÈBRE ÉLÉMENTAIRE (N° 1),

10e édition, contenant un grand nombre d'exercices théoriques et pratiques. In-8°. 4 fr. 50.

ALGÈBRE ÉLÉMENTAIRE (n° 2),

à l'usage des classes primaires et des classes élémentaires, des instituteurs et des
écoles normales primaires. Grand in-18 jésus. Prix : 2 fr. 25.

COURS DE MATHÉMATIQUES APPLIQUÉES,

Levé des plans, arpentage et partage des terrains, nivellement et notions
de géométrie descriptive, à l'usage des Écoles normales et des Instituteurs, etc.
In-8 (*avec figures dans le texte et une planche de teintes et signes conventionnels*).
Prix : 4 fr.

LEÇONS DE COSMOGRAPHIE. 5e édition. In-8°. Prix : 4 fr.

COURS ÉLÉMENTAIRE DE TRIGONOMÉTRIE RECTILIGNE,

5e édition. In-8°. Prix : 2 fr.

---

*Tout exemplaire de cet ouvrage non revêtu de la signature
de l'auteur sera réputé contrefait.*

A. Guilmin

Paris. — Imprimerie de Gusset et Cie, rue Racine, 26.

SOLUTIONS DÉVELOPPÉES

DES QUESTIONS PROPOSÉES

DANS LE COURS ÉLÉMENTAIRE

DE

TRIGONOMÉTRIE RECTILIGNE

PAR

A. GUILMIN

PROFESSEUR DE MATHÉMATIQUES

NOUVELLE ÉDITION

REVUE, CORRIGÉE ET AUGMENTÉE DES SOLUTIONS DES QUESTIONS (N)
PROPOSÉES DANS LA 5ᵉ ÉDITION

PARIS

ALPHONSE PICARD, LIBRAIRE

Rue Bonaparte, 82

1869

SOLUTIONS DÉVELOPPÉES

DES QUESTIONS PROPOSÉES

DANS LE COURS

DE

TRIGONOMÉTRIE RECTILIGNE.

AVIS AU LECTEUR. Les formules appliquées et les renvois sont indiqués ainsi : (f. 3) ou simplement (3) indique la formule (3) du Cours. (N° 15) renvoie au n° 15 du cours. (Ex. 12) ou (ex. 12) renvoie à l'exercice 12.

EXERCICE 1.

1° De 180° à 270°. Considérez pour les signes les lignes trigonométriques de $ABA'N'$.

Le sinus *négatif* (ex. $N'P'$) varie de 0 à -1. Le cosinus *négatif* (ex. OP') varie de -1 à 0. La tangente *positive* (ex. AT) varie de 0 à ∞. La sécante *négative* (ex. OT) varie de -1 à $-\infty$. La cotangente *positive* (ex. BS) varie de ∞ à 0. La cosécante *négative* (ex OS) varie de $-\infty$ à -1.

$$\sin 270° = -1; \quad \cos 270° = 0; \quad \tan 270° = \infty; \quad \sec 270° = -\infty$$
$$\cot 270° = 0; \quad \csc 270° = -1.$$

1

2° De 270° à 360°. Considérez pour les signes les lignes trigonométriques de l'arc ABA'B'M'.

Le sinus *négatif* (ex. M'P) varie de —1 à 0. Le cosinus *positif* (ex. OP) varie de 0 à 1. Etc., etc.

Ex. 2 (*).

N° 2. Pour résoudre cette question et les suivantes, jusqu'à l'ex. 9 inclusivement, on trace dans le cercle donné deux diamètres rectangulaires AOA', BOB', le point A étant l'origine des arcs qu'on détermine (fig. *précédente*).

Sin $a = 3/5$ (les 3/5 du rayon). On divise en 5 parties égales le rayon OB (dans le sens des sinus *positifs*); par le 3ᵉ point de division Q, on mène MQN parallèle à AA'. L'arc AM et l'arc ABN répondent évidemment à la question.

Observation générale. Nous ne considérons que les arcs positifs plus petits que 360° (Pour plus de généralité, voir le *Complément du cours*).

Ex. 3.

Cos $a = 0,7$ (les 0,7 du rayon). On divise le rayon OA (sens des cosinus positifs) en 10 parties égales. On compte 7 parties depuis 0 jusqu'à P; au point P, on mène MPM' perpendiculaire à OA. L'arc AM et l'arc ABA'B'M' répondent évidemment à la question.

Ex. 4.

Tang $a = 7/5$ (les 7/5 du rayon). On mène la tangente AT, et on divise le rayon OB en 5 parties égales; on porte 7 de ces parties (ou bien 1 rayon et 2 parties) de A jusqu'à T, par exemple; puis on mène TON' qui rencontre la circonférence en M et en N'. L'arc AM et l'arc ABA'N' répondent évidemment à la question.

Ex. 5.

Cos $a = -5/9$ (*négatif* et égal aux 5/9 du rayon). On divise le rayon OA' (sens des cosinus négatifs) en 9 parties égales;

(*) Lisez Exercice 2.

on compte 5 parties de O à P′ par ex.; et l'on mène NP′N′ perpendiculaire à OA′. L'arc ABN et l'arc ABA′N′ répondent évidemment à la question.

Ex. 6.

Tang $a = -0,8$ (*négative* et égale aux 0,8 du rayon). On mène la tangente AT′ (sens des tangentes négatives). On divise le rayon en 8 parties égales et l'on porte 8 de ces parties sur AT′ jusqu'à T′, puis on tire T′ON. L'arc ABN et l'arc ABA′B′M′ répondent évidemment à la question.

Ex. 7.

Séc $a = 2,5$ (*positive* et égale aux 25/10 du rayon). L'extrémité de l'arc doit être sur la sécante (n° 14). On divise OA en dix parties égales; on le prolonge et on prend, à partir du centre, deux rayons et 5/10 du rayon jusqu'au point H. (Faites la figure.) On mène la tangente TAT′; puis on décrit un arc de cercle de O comme centre avec le rayon OH jusqu'à rencontrer AT en R et AT′ en R′; on trace OR qui rencontre la circonférence en K, et OR′ qui la rencontre en K′. L'arc AK et l'arc ABA′B′K′ répondent tous deux à la question.

Méthode indirecte. De séc $a = 2,5$, on déduit cos $a = \dfrac{10}{25}$; et l'on détermine l'arc a comme il a été expliqué (Ex. 3).

Ex. 8.

Séc $a = -1,8 = -18/10$ (négative et égale aux 18/10 du rayon); cos $a = -10/18$. On divise le rayon OA′ en dix-huit parties égales et l'on porte 10 de ces parties du centre O jusqu'à P′ (*fig.* de l'ex. 1); puis on élève NP′N′ perpendiculaire à AOA′. Les arcs ABN, ABA′N′ répondent à la question proposée.

Directement. On prend les 18/10 de OA à partir du centre O jusqu'à H′, sur OA prolongé. (Faites la figure.) Puis du point O comme centre, avec le rayon OH′, on décrit un arc de cercle à la rencontre de la tangente TAT′ en T et en T′; on trace les diamètres TON′ et T′ON. Les arcs ABA′N′ et ABN répondent à la question. La sécante étant *négative*, l'extrémité de l'arc doit être sur le prolongement de TO ou de T'O (n° 14).

Ex. 9.

Coséc $a = 1,9 = 19/10$; on en déduit sin $a = 10/19$. Puis on détermine l'arc a comme dans l'ex. 2.

Directement. (Faites la figure.) Sur la direction prolongée de OB, on prend OB + 9/10 de OB jusqu'en D. On décrit un arc de cercle de O comme centre avec le rayon OD à la rencontre de BS en I et de BS' en I'; on trace OI et OI' qui rencontrent la circonférence en F et en F'. Les arcs AF, ABF' répondent à la question. La cosécante étant *positive*, l'extrémité doit se trouver sur IO et sur I'O (n° 14).

Ex. 10.

L'arc $a + 90°$ a pour supplément $90° - a$. On a donc, d'après les n°s 17 et 8,

$$\sin(90°+a)=\sin(90°-a)=\cos a$$
$$\cos(90°+a)=-\cos(90°-a)=-\sin a$$
$$\operatorname{tg}(90°+a)=-\operatorname{tg}(90°-a)=-\cot a$$

$$\sec(90°+a)=-\sec(90°-a)=-\operatorname{coséc} a$$
$$\cot(90°+a)=-\cot(90°-a)=-\operatorname{tg} a$$
$$\operatorname{coséc}(90°+a)=\operatorname{coséc}(90°-a)=\sec a$$

Ex. 11.

Remarque. Le sinus donné appartient à deux arcs supplémentaires a et a', plus petits que 180°. Nous ne considérons dans les exercices suivants *que les arcs plus petits que* 180° ayant les lignes trigonométriques données.

Rép. sin $a = 0,85$; cos $a = 0,526.....$; tang $a = 1,616.....$; séc $a = 1,901.....$; cot $a = 0,618.....$; coséc $a = 1,176.....$; $a' > 90°$; sin $a'=0,85$, cos $a'=-0,526...$; tang $a'=-1,616...$; etc. (*V.* n° 17.)

On calcule d'abord $\cos a = \sqrt{1 - (0,85)^2} = \sqrt{1,85 \times 0,15} = 0,526...$ On se sert ensuite de sin a et de cos a pour calculer les autres lignes à l'aide des formules (2), (3), (4) et (5).

Ex. 12.

Rép. Sin $a = 0,714...$; tang $a = -1,02...$; séc $a = -1,428...$; cot $a = -0,980...$; coséc $a = 1,400...$

Cos $= -0,7$; a est plus grand que 90°. On calcule d'abord
sin $a = \sqrt{1-(0,7)^2} = \sqrt{1,7 \times 0,3} = 0,714\ldots$

Pour calculer les autres lignes on se sert de sin a et de cos a en employant les formules (2), (3), (4) et (5).

Ex. 13.

60° est la moitié de 120° qui est sous-tendu par le côté du triangle équilatéral égal à $\sqrt{3}$; sin 60° $= 1/2 \sqrt{3}$. Puis on applique les formules (1), (2), (3), (4) et (5).

$$\sin 60° = \frac{\sqrt{3}}{2}; \quad \cos 60° = \sqrt{1-\frac{3}{4}} = \frac{1}{2}; \quad \tang 60° = \frac{\sqrt{3}}{2} : \frac{1}{2} = \sqrt{3}.$$

$$\cot 60° = \frac{1}{2} : \frac{\sqrt{3}}{2} = \frac{1}{\sqrt{3}} = \frac{\sqrt{3}}{3}; \quad \sec 60° = 2; \quad \cosec 60° =$$

$$1 : \frac{\sqrt{3}}{2} = \frac{2}{\sqrt{3}} = \frac{2\sqrt{3}}{3}.$$ 60° est le complément de 30°; de là une *vérification*.

$$\sin 60° = 0,866\ldots; \; \tang 60° = 1,732\ldots; \; \cot 60° = 0,577\ldots;$$
$$\cosec 60° = 1,154\ldots;$$

Ex. 14. —

Le côté du décagone régulier est la corde de 36°. On sait que ce côté $= \dfrac{(\sqrt{5}-1)}{2}$; par conséquent sin 18° $= \dfrac{\sqrt{5}-1}{4}$.

On en déduit d'abord $\cos 18° = \sqrt{1-\dfrac{(\sqrt{5}-1)^2}{16}} = \dfrac{\sqrt{10+2\sqrt{5}}}{4}$.

En extrayant les racines, on trouve approximativement

sin 18° $= 0,309\ldots$; cos 18° $= 0,951\ldots$; puis à l'aide des formules (2), (3), etc.

$$\tang 18° = 0,324\ldots; \; \sec 18° = 1,051\ldots; \; \cot 18° = 3,077\ldots$$
$$\cosec 18° = 3,236\ldots$$

$$-6-$$

Ex. 15

Rép. $\quad \sec a = \dfrac{1}{\cos a} = \pm \sqrt{1 + \tang^2 a} \quad$ (f. 6); $\cot a =$

$\dfrac{1}{\tang a}$; $\quad \cosec a = \dfrac{1}{\sin a} = \pm \dfrac{\sqrt{1 + \tang^2 a}}{\tang a}$ (f. 7).

Ex. 16.

D'après (3), $\cos a = \dfrac{1}{\sec a}$. En remplaçant dans (1), on a

$\sin^2 a + \dfrac{1}{\sec^2 a} = 1$; $\sin^2 a = 1 - \dfrac{1}{\sec^2 a} = \dfrac{\sec^2 a - 1}{\sec^2 a}$.

Donc $\qquad\qquad \sin a = \dfrac{\pm \sqrt{\sec^2 a - 1}}{\sec a}.$

D'après (2), $\tang a = \dfrac{\sin a}{\cos a} = \pm \sqrt{\sec^2 a - 1}$. (Vérifiez sur la fig.)

$\cot a = \dfrac{1}{\tang a} = \dfrac{1}{\pm \sqrt{\sec^2 a - 1}}$. Enfin d'après (5), $\cosec a =$

$\dfrac{1}{\sin a} = \dfrac{\sec a}{\pm \sqrt{\sec^2 a - 1}}.$

Ex. 17.

On emploie les formules (1), (2), (3) (4) (5) (écrivez-les), et celle-ci : $\cosec^2 a = 1 + \cot^2 a (m)$, qui se vérifie sur la figure. Cette formule (m) donne $\cosec a = \pm \sqrt{1 + \cot^2 a}$. La formule (8) donne

$\tang a = \dfrac{1}{\cot a}$; (5) donne $\sin a = \dfrac{1}{\cosec a} = \dfrac{1}{\pm \sqrt{1 + \cot^2 a}}$;

(3) donne $\cos a = \dfrac{\sin a}{\tang a} = \dfrac{\cot a}{\pm \sqrt{1 + \cot^2 a}}.$

Enfin $\qquad\qquad \sec a = \dfrac{1}{\cos a} = \dfrac{\pm \sqrt{1 + \cot^2 a}}{\cot a}.$

Ex. 18.

On emploie les mêmes formules (1), (2), (3), (4), (5) et (m) de l'ex. 17. La formule (m) donne $\cot a = \pm \sqrt{\operatorname{coséc}^2 a - 1}$; on en déduit

$$\operatorname{tang} a = \frac{1}{\cot a} = \frac{1}{\pm\sqrt{\operatorname{coséc}^2 a - 1}}; \qquad \sin a = \frac{1}{\operatorname{coséc} a};$$

(2) donne $\qquad \cos a = \dfrac{\sin a}{\operatorname{tang} a} = \dfrac{\pm\sqrt{\operatorname{coséc}^2 a - 1}}{\operatorname{coséc} a}.$

Enfin $\qquad \operatorname{séc} a = \dfrac{1}{\cos a} = \dfrac{\operatorname{coséc} a}{\pm\sqrt{\operatorname{coséc}^2 a - 1}}.$

Ex. 19.

Tang $a = 2,4.$

$$\operatorname{séc} a = \sqrt{1 + (2,4)^2} = 2,6 \qquad (\text{f. } 6);$$

$\operatorname{Cos} a = \dfrac{1}{\operatorname{séc} a} = \dfrac{1}{2,6} = 0,38\ldots, \qquad \cot a = \dfrac{1}{\operatorname{tang} a} = 0,41\ldots;$

$\sin a = \operatorname{tang} a \times \cos a\, (\text{f. } 2) = 0,92\ldots, \operatorname{coséc} a = \dfrac{1}{\sin a} = 1,07.$

Ex. 20.

séc $b = -3$; est $l > 90°$; sa tangente, son cosinus et sa cotang. sont négatives; $\cos b = \dfrac{1}{-3} = -0,33\ldots$ (f. 3).

$$\operatorname{tang} b = -\sqrt{3^2 - 1} = -\sqrt{8} = -2,828\ldots \quad (\text{Ex.16});$$

d'après (2), $\qquad \sin b = \operatorname{tang} b \cos b = 0,94\ldots$

$\cot b = \dfrac{1}{\operatorname{tang} b} = -\dfrac{1}{2,828} = -0,353\ldots; \operatorname{coséc} b = \dfrac{1}{0,94} = 1,06.$

Ex. 21.

$\cot b = 0,8.$ D'après (8), $\operatorname{tang} b = \dfrac{1}{0,8} = \dfrac{10}{8} = 1,25.$

(D'après (m) de l'ex. 17),

$$\text{coséc } b = \sqrt{1 + \cot^2 b} = \sqrt{1 + (0,8)^2} = 1,28\ldots$$
$$\sin b = 1 : \text{coséc } b = 0,78\ldots; \quad \cos b = \sin b \cot b = 0,62\ldots;$$
$$\text{séc } b = 1 : \cos b = 1,61\ldots$$

Ex. 22.

Rép. $\quad \sin 75° = 0,9657\ldots; \quad \cos 75° = 0,2587\ldots;$

$$75° = 45° + 30°, \quad \sin 75° = \sin 45° \cos 30° + \cos 45° \sin 30°;$$
$$\cos 75° = \cos 45° \cos 30° - \sin 45° \sin 30°.$$

Or $\sin 45° = \cos 45° = 1/2 \sqrt{2}$; $\sin 30° = 1/2$, et $\cos 30° = 1/2 \sqrt{3}$.

Par suite

$$\sin 75° = \frac{\sqrt{2}}{2}\left(\frac{\sqrt{3}}{2} + \frac{1}{2}\right) \quad \text{et} \quad \cos 75° = \frac{\sqrt{2}}{2}\left(\frac{\sqrt{3}}{2} - \frac{1}{2}\right).$$

$\sqrt{3} = 1,732\ldots; \quad \sqrt{2} = 1,414\ldots; \quad$ d'où $\quad \sin 75°$ et $\cos 75°$.

Ex. 23.

Rép. $\quad \sin 105° = 0,9657\ldots; \quad \cos 105° = -0,2587\ldots$

$$105° = 60° + 45°; \sin 105° = \sin 45° \cos 60° + \cos 45° \sin 60°.$$
$$\text{Cos } 105° = \cos 45° \cos 60° - \sin 45° \sin 60°,$$

ou (d'après l'ex. 22),

$$\sin 105° = \frac{\sqrt{2}}{2}\left(\frac{1}{2} + \frac{\sqrt{3}}{2}\right) \quad \text{et} \quad \cos 105° = \frac{\sqrt{2}}{2}\left(\frac{1}{2} - \frac{\sqrt{3}}{2}\right).$$

Ces valeurs sont les mêmes que celles de $\sin 75°$ et $- \cos 75°$; cela doit être puisque $105° = 180° - 75°$ (V. n° 17).

Ex. 24.

Rép. $\quad \sin (b + a) = 0,86; \quad \sin (b - a) = 0,24\ldots;$

$$\cos (b + a) = 0,50\ldots; \quad \cos (b - a) = 0,97\ldots;$$

Sin $a = 5/13$; $\cos b = 0,8$. Il faut calculer $\cos a$ et $\sin b$.

$$\cos a = \sqrt{1 - (5/13)^2} = \sqrt{\frac{169 - 25}{169}} = \sqrt{\frac{144}{169}} = \frac{12}{13}.$$

$$\sin b = \sqrt{1 - (0,8)^2} = \sqrt{0,36} = 0,6,$$

$\sin b$ étant plus grand que $\sin a$, b est $> a$, nous considérons $b \pm a$. En appliquant les formules (9), (10), (11) et (12), on trouve aisément les réponses.

Ex. 25.

Rép. $\qquad \sin 48° = 0,743\ldots; \quad \cos 48° = 0,668\ldots;$
$48° = 30° + 18°; \quad \sin 48° = \sin 30° \cos 18° + \cos 30° \sin 18°;$
$\cos 48° = \cos 30° \cos 18° - \sin 30° \sin 18°.$

On sait (n° 21) que $\sin 30° = 1/2$ et $\cos 30° = 1/2 \sqrt{3}$; on a trouvé (ex. 14) $\sin 18°$ et $\cos 18°$. On a donc

$$\sin 48° = \frac{1}{2} \times \frac{\sqrt{10 + 2\sqrt{5}}}{4} + \frac{\sqrt{3}}{2} \times \frac{\sqrt{5} - 1}{4},$$

$$\cos 48° = \frac{\sqrt{3}}{2} \times \frac{\sqrt{10 + 2\sqrt{5}}}{4} - \frac{1}{2} \times \frac{\sqrt{5} - 1}{4}.$$

On se sert des valeurs déjà calculées de $\sqrt{3}$, $\sqrt{2}$ (ex. 22), et de $\sin 18°$, $\cos 18°$ (ex. 14); on met ces valeurs dans les valeurs précédentes de $\sin 48°$, $\cos 48°$, et on effectue les calculs.

Ex. 26.

Rép. $\qquad \sin 27° = 0,434\ldots, \quad \cos 27° = 0,890\ldots$
$27° = 45° - 18°; \quad \sin 45° = \cos 45° = 1/2 \sqrt{2},$
$\sin 27° = 1/2 \sqrt{2} \,(\cos 18° - \sin 18°); \quad \cos 27° = 1/2 \sqrt{2} \,(\cos 18° + \sin 18°)$. On calcule $\cos 18°$ et $\sin 18°$ (V. ex. 14); $1/2 \sqrt{2} = 0,707$. Avec ces valeurs, on calcule aisément $\sin 27°$ et $\cos 27°$.

Ex. 27.

Rép. $\qquad \sin 78° = 0,978\ldots, \quad \cos 78° = 0,208\ldots$
$78° = 60° + 18°. \quad \sin 78° = \sin 60° \cos 18° + \cos 60° \sin 18°,$

1.

et $\qquad \cos 78° = \cos 60° \cos 18° - \sin 60° \sin 18°.$

On calcule $\sin 60°$, $\cos 60°$, $\sin 18°$, $\cos 18°$ comme il a été expliqué ex. 13 et 14; on met leurs valeurs dans celles de $\sin 78°$, $\cos 78°$, et on effectue les calculs.

Ex. 28.

$$\cot (a + b) = \frac{\cos (a + b)}{\sin (a + b)} = \frac{\cos a \cos b - \sin a \sin b}{\sin a \cos b + \sin b \cos a}.$$

On divise le numérateur et le dénominateur terme à terme par $\sin a \sin b$ pour amener $\cot a$ et $\cot b$; ce qui donne

$$\cot (a + b) = \frac{\cot a \cot b - 1}{\cot b + \cot a};$$

de même $\qquad \cot (a - b) = \dfrac{\cot a \cot b + 1}{\cot b - \cot a}.$

Ex. 29.

Rép. $\qquad \tang 75° = 3,732...; \quad \cot 75° = 0,267...;$

$75° = 45° + 30°.$ $\operatorname{Tang} 45° = 1; \quad \tang 30° = 1/3\sqrt{3}$

$$\operatorname{tg} 75° = \frac{1 + 1/3\sqrt{3}}{1 - 1/3\sqrt{3}} = \frac{3 + \sqrt{3}}{3 - \sqrt{3}} = \frac{\sqrt{3}\,(\sqrt{3} + 1)}{\sqrt{3}\,(\sqrt{3} - 1)} =$$

$$\frac{\sqrt{3} + 1}{\sqrt{3} - 1} = 2 + \sqrt{3}.$$

$$\cot 75° = \frac{1}{\tang 75°} = \frac{\sqrt{3} - 1}{\sqrt{3} + 1} = 2 - \sqrt{3}.$$

Ex. 30.

Rép. $\tang (a + b) = 10,73..., \quad \tang (a - b) = 0,530,$

$$\tang (a + b) = \frac{1,5 + 0,54}{1 - 1,5 \times 0,54}, \quad \tang (a - b) = \frac{1,5 - 0,54}{1 + 1,5 \times 0,54},$$

Ex. 31.

Rép. $\tang (a + b) = 3,937...; \quad \tang (a - b) = 0,589.$

$$\text{Sin } a = 0,8; \quad \cos a = \sqrt{1 - (0,8)^2} = 0,6; \quad \text{tang } a = 4/3\ldots$$
$$\text{Cos } b = 12/13, \quad \sin b = \sqrt{1 - \cos^2 b} = 5/13; \quad \text{tang } b = 5/12.$$
$$\text{Tang } (a + b) = \frac{4/3 + 5/12}{1 - 4/3 \times 5/12}; \quad \text{tang } (a - b) = \frac{4/3 - 5/12}{1 + 4/3 \times 5/12}.$$

(Effectuez.)

Ex. 32.

$$\text{tang } 105° = -3,732\ldots, \quad \cot 105° = -0,267\ldots$$
$$105° = 60° + 45°, \quad \text{tang } 45° = 1, \quad \text{tang } 60° = \sqrt{3}.$$

Par suite

$$\text{tang } 105° = \frac{1 + \sqrt{3}}{1 - \sqrt{3}} = -\frac{\sqrt{3} + 1}{\sqrt{3} - 1}; \quad \cos 60° = -\frac{\sqrt{3} - 1}{\sqrt{3} + 1}.$$

Ces valeurs sont égales et de signes contraires aux valeurs de tang 75°, cot 75° (ex. 29). Cela doit être; car 105° = 180° — 75°, et nous avons vu (n° 17) que les arcs supplémentaires ont leurs tangentes et leurs cotangentes égales, mais de signes contraires.

Ex. 33.

$$\text{tang } 15° = 0,267\ldots; \quad \cot 15° = 3,732\ldots$$
$$15° = 45° - 30°; \quad \text{tang } 45° = \frac{1 - 1/3\sqrt{3}}{1 + 1/3\sqrt{3}} = \frac{3 - \sqrt{3}}{3 + \sqrt{3}} = \frac{(\sqrt{3} - 1)}{(\sqrt{3} + 1)}.$$

$\cot 15° = \dfrac{\sqrt{3} + 1}{\sqrt{3} - 1}$. En comparant, on voit que tg 15° = cot 75°, et cot 15° = tang 75°. Cela doit être puisque 15° est le complément de 75°; 75° + 15° = 90°.

Ex. 34.

$$\sin 210° = -1/2, \quad \cos 210° = -1/2\sqrt{3}. \quad \text{tang } 210° = 1/3\sqrt{3}.$$

210° est le double de 105°

$$\sin 210° = 2\sin 105° \cos 105°;$$
$$\cos 210° = \cos^2 105° - \sin^2 105° \hspace{3cm} (k).$$

Prenons les valeurs de sin 105° et de cos 105° (ex. 23), et substituons-les :

$$\sin 210° = 2 \times \frac{\sqrt{2}}{2}\left(\frac{1}{2} + \frac{\sqrt{3}}{2}\right) \times \frac{\sqrt{2}}{2}\left(\frac{1}{2} - \frac{\sqrt{3}}{2}\right)$$

$$= -\frac{\sqrt{3}+1}{2} \times \left(\frac{\sqrt{3}-1}{2}\right) = -\frac{2}{4} = -\frac{1}{2}.$$

Ce qui est exact; car 210° = 180° + 30°. En prenant 180° + 30° sur une circonférence, on voit que le sinus de l'arc obtenu est négatif et égal d'ailleurs à sin 30°. Cos 210° = $-\sqrt{1 - \sin^2 210°} = -1/2\sqrt{3}$; le cosinus est négatif (V. l'ex. 1). On peut, comme exercice, déduire ce cosinus de la valeur (k) ci-dessus de cos 210°.

Ex. 35.

$$\sin 150° = 1/2 ; \quad \cos 150° = -1/2\sqrt{3} ; \quad \tang 150° = -1/3\sqrt{3} ;$$

ou

$$\sin 150° = 0,5 ; \quad \cos 150° = -0,866... ; \quad \tang 150° = -0,577... ;$$

En effet 150° = 2 fois 75°; sin 150° = 2 sin 75° cos 75°;
$$\cos 15° = \cos^2 75° - \sin^2 75°.$$

$$\sin 150° = 2\,\frac{\sqrt{2}}{2} \times \left(\frac{\sqrt{3}+1}{2}\right) \times \frac{\sqrt{2}}{2} \times \frac{\sqrt{3}-1}{2} =$$

$$\frac{\sqrt{3}+1}{2} \times \frac{\sqrt{3}-1}{2} = \frac{2}{4} = \frac{1}{2}.$$

$\sin 150° = \dfrac{1}{2} = \sin 30°$. Cela doit être, puisque 150° et 30° sont supplémentaires. Cela étant, cos 150° = —cos 30°, et tg 150° = —tang 30°. C'est une vérification.

Ex. 36.

Rép. sin 36° = 0,5877...; cos 36° = 0,809...; tang 36° = 0,726.
36° = 2 fois 18°; sin 36° = 2 sin 18° cos 18°; cos 36° =
$$\cos^2 18° - \sin^2 18°...; \text{ etc.}$$

$\sin 36° = 2\,\dfrac{\sqrt{5}-1}{4} \times \dfrac{\sqrt{10+2\sqrt{5}}}{4}$. Pour effectuer cette multiplication, j'élève $\sqrt{5}-1$ au carré et je multiplie la quantité $10 + 2\sqrt{5}$ par ce carré d'après ce principe : $a\sqrt{b} = \sqrt{a^2}\,\sqrt{b} = \sqrt{b \times a^2}$

$(\sqrt{5}-1)^2 = 5+1 - 2\sqrt{5} = 6 - 2\sqrt{5}$; $(6 - 2\sqrt{5} \times (10 + 2\sqrt{5}) = 40 - 8\sqrt{5}$ après réduction.

On a donc $\sin 36° = \dfrac{2 \times \left(\sqrt{40-8\sqrt{5}}\right)}{16} = \dfrac{4\sqrt{10-2\sqrt{5}}}{16}$; et enfin

$$\sin 36° = \frac{\sqrt{10 - 2\sqrt{5}}}{4} = 0,588\ldots;$$

$$\cos 36° = \frac{10 + 2\sqrt{5}}{16} - \frac{6 - 2\sqrt{5}}{16} = \frac{4 + 4\sqrt{5}}{16} = \frac{1 + \sqrt{5}}{4}.$$

$$\tan 36° = \frac{\sqrt{10 - 2\sqrt{5}}}{1 + \sqrt{5}}.$$

$\sqrt{5} = 2,236\ldots$, et l'on n'a plus qu'à effectuer les calculs.

Ex. 57.

Je fais $b = 2a$ dans $\sin (a + b)$ (f. 9); ce qui donne $\sin 3a = \sin a \cos 2a + \cos a \sin 2a$. Je remplace $\sin 2a$ et $\cos 2a$ par leurs valeurs connues (f. 15 et 16); ce qui donne

$$\sin 3a = \sin a(\cos^2 a - \sin^2 a) + 2\sin a \cos^2 a = \sin a \cos^2 a - \sin^3 a + 2\sin a \cos^2 a = 3\sin a \cos^2 a - \sin^3 a.$$

Je remplace $\cos^2 a$ par $1 - \sin^2 a$, et j'ai enfin

$$\sin 3a = 3\sin a\,(1 - \sin^2 a) - \sin^3 a = 3\sin a - 4\sin^3 a.$$

Ex. 58.

Je remplace b par $2a$ dans $\cos (a + b)$ (f. 10); ce qui donne $\cos 3a = \cos a \cos 2a - \sin a \sin 2a$; puis je remplace $\cos 2a$ et $\sin 2a$ par leurs valeurs; ce qui donne

$$\cos 3a = \cos a\,(\cos^2 a - \sin^2 a) - 2\sin^2 a \cos a = \cos^3 a - \cos a \sin^2 a - 2\cos a \sin^2 a = \cos^3 a - 3\cos a \sin^2 a.$$

Je remplace $\sin^2 a$ par $1 - \cos^2 a$, et j'ai enfin

$$\cos 3a = \cos^3 a - 3\cos a(1 - \cos^2 a) = 4\cos^3 a - 3\cos a.$$

Ex. 39.

$22°30'$ est la moitié de $45°$; $\cos 45° = 1/2\sqrt{2}$. J'applique (20), (22) et (24).

$$\sin 22°30' = \sqrt{\frac{1 - 1/2\sqrt{2}}{2}} = \sqrt{\frac{2 - \sqrt{2}}{4}} = \frac{\sqrt{2 - \sqrt{2}}}{2} = 0{,}382\ldots$$

$$\cos 22°30' = \sqrt{\frac{1 + 1/2\sqrt{2}}{2}} = \sqrt{\frac{2 + \sqrt{2}}{4}} = \frac{\sqrt{2 + \sqrt{2}}}{2} = 0{,}923\ldots$$

$$\operatorname{tg} 22°30' = \frac{-1 + \sqrt{2}}{1} = \sqrt{2} - 1 = 0{,}414\ldots$$

On a aussi $\tan 22°30' = \dfrac{\sin 22°30'}{\cos 22°30'} = \dfrac{\sqrt{2 - \sqrt{2}}}{\sqrt{2 + \sqrt{2}}}$; par suite,

on doit avoir $\dfrac{\sqrt{2 - \sqrt{2}}}{\sqrt{2 + \sqrt{2}}} = \sqrt{2} - 1$. (A vérifier.)

Ex. 40.

$15°$ est la moitié de $30°$; $\cos 30° = 1/2\sqrt{3}$ et $\tan 30° = \dfrac{1}{\sqrt{3}}$. J'applique (20), (22) et (24).

$$\sin 15° = \sqrt{\frac{1 - 1/2\sqrt{3}}{2}} = \frac{\sqrt{2 - \sqrt{3}}}{2} ; \quad \cos 15° = \frac{\sqrt{2 + \sqrt{3}}}{2}.$$

$$\tan 15° = \frac{-1 + \sqrt{1 + 1/3}}{1/\sqrt{3}} = \frac{-1 + \dfrac{\sqrt{4}}{\sqrt{3}}}{1/\sqrt{3}} = 2 - \sqrt{3}.$$

$\sin 15° = 0{,}2587\ldots$; $\cos 15° = 0{,}9657\ldots$; $\tan 15° = 0{,}267\ldots$

$15°$ est le complément de $75°$; $\sin 15° = \cos 75°$, etc. (Voyez ex. 22 et 29.)

Ex. 41.

J'applique (20) et (22). $\sin\dfrac{a}{2} = \sqrt{\dfrac{0,2}{2}} = \sqrt{0,1} = 0,316\ldots$

$\cos\dfrac{a}{2} = \sqrt{\dfrac{1,8}{2}} = \sqrt{0,9} = 0,948\ldots$; $\tang\dfrac{a}{2} = \sqrt{\dfrac{1}{9}} = \dfrac{1}{3}$.

Ex. 42.

J'applique (25). q désigne le plus petit des deux arcs :

$$p = 73°29'48'' \qquad p+q = 112°\,15'22'' ; \qquad p-q = 34°44'14''$$
$$q = 38°45'34'' \quad 1/2\,(p+q) = 56°\ 7'41'' ; \ 1/2\,(p-q) = 17°22'\ 7''$$

$$\sin 73°29'48'' + \sin 38°45'34'' = 2\sin 56°7'41'' \cos 17°22'7''.$$

Ex. 43.

Il faut remplacer un des arcs par son complément, le 2ᵉ par ex. :

$$89°59'60'' \quad \cos 64°19'20'' = \sin 25°40'40''$$
$$64°19'20''$$
$$25°40'40'' \quad p = 58°49'52'' ; \ p+q = 84°30'32'' ; \ p-q = 33°9'12''$$
$$q = 25°40'40'' ; \ 1/2\,(p+q) = 42°15'16'' ; \ 1/2\,(p-q) = 16°34'36''$$

$$\sin 58°49'52'' - \cos 64°19'20'' = 2\cos 42°15'16'' \sin 16°34'36''.$$

Ex. 44.

Il faut encore remplacer un des arcs par son complément.

$$89°59'60'' \quad \text{J'applique (30). } p = 54°19'43'' ; \ q = 49°40'3''$$
$$40°19'57'' \qquad\qquad\qquad p-q = 4°39'40''$$

$$\tg 54°19'43'' - \cot 40°19'57'' = \dfrac{\sin\ 4°39'40''}{\cos 54°19'43''\,\cos 49°40'3''}.$$

Ex. 45.

$$\sec a + \sec b = \frac{1}{\cos a} + \frac{1}{\cos b} = \frac{\cos b + \cos a}{\cos a \cos b} =$$

$$\frac{2 \cos 1/2\,(a+b)\cos 1/2\,(a-b)}{\cos a \cos b},$$

$$\sec a + \cosec b = \sec a + \sec (90° - b) =$$
$$\frac{2 \cos 1/2\,(a+b')\cos 1/2\,(a-b')}{\cos a \sin b}.$$

en posant $90° - b = b'$.

Ex. 46.

$$\cosec a + \cosec b = \frac{1}{\sin a} + \frac{1}{\sin b} = \frac{\sin a + \sin b}{\sin a \sin b} =$$

$$\frac{2 \sin 1/2\,(a+b)\cos 1/2\,(a-b)}{\sin a \sin b}.$$

Ex. 47.

On a déjà divisé (25) par (26).
Divisons (25) par (27).

$$\frac{\sin p + \sin q}{\cos p + \cos q} = \frac{2 \sin 1/2 (p+q)\cos 1/2 (p-q)}{2 \cos 1/2 (p+q)\cos 1/2 (p-q)} = \tang \frac{1}{2}(p+q)$$

(25) par (28)

$$\frac{\sin p + \sin q}{\cos q - \cos p} = \frac{2 \sin 1/2 (p+q)\cos 1/2 (p-q)}{2 \sin 1/2 (p+q)\sin 1/2 (p-q)} = \cot \frac{1}{2}(p-q)$$

(26) par (27)

$$\frac{\sin p - \sin q}{\cos p + \cos q} + \frac{2 \sin 1/2 (p-q)\cos 1/2 (p+q)}{2 \cos 1/2 (p-q)\cos 1/2 (p+q)} = \tang \frac{1}{2}(p-q)$$

(26) par (28)

$$\frac{\sin p - \sin q}{\cos q - \cos q} = \frac{2 \sin 1/2 (p-q)\cos 1/2 (p+q)}{2 \sin 1/2 (p-q)\sin 1/2 (p+q)} = \cot \frac{1}{2}(p+q)$$

(27) par (28)

$$\frac{\cos p + \cos q}{\cos q - \cos p} = \frac{2 \cos 1/2 (p+q)\cos 1/2 (p-q)}{2 \sin 1/2 (p+q)\sin 1/2 (p-q)} = \frac{\cot 1/2\,(p+q)}{\tang 1/2\,(p-q)}$$

Ex. 48.

$$\frac{\sin 54° + \sin 31°}{\cos 31° - \cos 54°} = \cot\frac{54° - 31°}{2} = \cot 11°30'.$$

ÉGALITÉS A VÉRIFIER.

Ex. 49.

$$\sin(a + b)\ \sin(a - b) = (\sin a \cos b + \cos a\ \sin b)\ (\sin a \cos b - \cos a\ \sin b) = \sin^2 a\ \cos^2 b - \cos^2 a\ \sin^2 b = \sin^2 a\ (1 - \sin^2 b) - (1 - \sin^2 a)\ \sin^2 b = \sin^2 a - \sin^2 a\ \sin^2 b - \sin^2 b + \sin^2 a \sin^2 b = \sin^2 a - \sin^2 b.$$

Ex. 50.

$$\cos(a + b)\ \cos(a - b) = (\cos a\ \cos b - \sin a\ \sin b)\ (\cos a \cos b + \sin a\ \sin b) = \cos^2 a\ \cos^2 b - \sin^2 a\ \sin^2 b = \cos^2 a\ (1 - \sin^2 b) - (1 - \cos^2 a)\ \sin^2 b = \cos^2 a - \cos^2 a\ \sin^2 b - \sin^2 b + \cos^2 a \sin^2 b = \cos^2 a - \sin^2 b.$$

Ex. 51.

$$\operatorname{tg}^2 a - \operatorname{tg}^2 b = (\operatorname{tg} a + \operatorname{tg} b)\ (\operatorname{tg} a - \operatorname{tg} b),$$ ce qui est égal d'après (29)

et (30) à $$\frac{\sin(a + b)\ \sin(a - b)}{(\cos a \cos b)^2} = \frac{\sin(a + b)\ \sin(a - b)}{\left(\dfrac{\cos(a + b) + \cos(a - b)}{2}\right)^2} =$$

$$\frac{4\sin(a + b)\ \sin(a - b)}{(\cos(a + b) + \cos(a - b))^2}.$$

On sait que $\cos(a + b) + \cos(a - b) = 2 \cos a \cos b$ (n° 34, 3°).

Ex. 52.

$$\operatorname{Tang}\frac{a}{2} = \operatorname{coséc} a - \cot a.$$

En effet,

$$\cosc a - \cot a = \frac{1}{\sin a} - \frac{\cos a}{\sin a} = \frac{1 - \cos a}{\sin a} = \frac{2\sin^2 1/2a}{2\sin 1/2a \cos 1/2a}$$

$$\text{(f. 21 et f. 23)} = \frac{\sin 1/2a}{\cos 1/2a} = \tang \frac{a}{2}.$$

Ex. 33.

$\cot a = \cosc 2a + \cot 2a.$

En effet,

$$\cosc 2a + \cot 2a = \frac{1}{\sin 2a} + \frac{\cos 2a}{\sin 2a} = \frac{1 + \cos 2a}{\sin 2a} = \frac{2\cos^2 a}{2\sin a \cos a}.$$

$$\text{(f. 16 et 15)} = \frac{\cos a}{\sin a} = \cot a.$$

Ex. 34.

$$\Cot \frac{a}{2} - \tang \frac{a}{2} = 2\cot a.$$

En effet,

$$\cot 1/2a - \tg 1/2a = \frac{\cos 1/2a}{\sin 1/2a} - \frac{\sin 1/2a}{\cos 1/2a} =$$

$$\frac{\cos^2 1/2a - \sin^2 1/2a}{\sin 1/2a \cos 1/2a} = \frac{\cos a}{1/2 \sin a} \text{(f. 18 et 23)} = \frac{2\cos a}{\sin a} = 2\cot a.$$

Ex. 35.

$\Sin x = \sin(36° + x) + \sin(72° - x) - \sin(36° - x) - \sin(72° + x) \ (\alpha)$
En effet, $\sin(36° + x) - \sin(36° - x) = 2\cos 36° \sin x$ (f. 26).

$\Sin(72° - x) - \sin(72° + x) = -2\cos 72° \sin x$ (f. 26) $=$ $-2\sin 18° \sin x$ puisque $72° = 90° - 18°$. En remplaçant dans l'égalité (α), on obtient : $\sin x = 2\cos 36° \sin x - 2\sin 18° \sin x$.

Puis, en simplifiant et transposant, $1 + 2\sin 18° = 2\cos 36°$. (m)
Or $\cos 36° = \cos^2 18° - \sin^2 18°$ (f. 16) $= 1 - 2\sin^2 18°$.

Donc $1 + 2\sin 18° = 2 - 4\sin^2 18°$; d'où $4\sin^2 18° + 2\sin 18° = 1 \ (\beta)$.

$$\Sin 18° = \frac{\sqrt{5} - 1}{4}; \quad \sin^2 18° = \frac{6 - 2\sqrt{5}}{16}.$$

En substituant ces valeurs dans (β), on trouve :

$$\frac{6 - 2\sqrt{5}}{4} + \frac{2\sqrt{5} - 2}{4} = 1, \text{ ce qui est bien vrai.}$$

Ex. 56.

$\operatorname{Sin}(90° - x) + \sin(18° - x) + \sin(18° + x) = \sin(54° - x) + \sin(54° + x)$. (n).

$\operatorname{Sin}(90° - x) = \cos x$; $\qquad \sin(18° - x) + \sin(18° + x) =$ $2\sin 18° \cos x$ (f. 25).

$\operatorname{Sin}(54° - x) + \sin(54° + x) = 2\sin 54° \cos x$; $\sin 54° = \cos 36°$.

En substituant les nouvelles valeurs dans l'équation proposée (n) on trouve : $\cos x + 2\sin 18° \cos x = 2\sin 54° \cos x = 2\cos 36° \cos x$, ou en simplifiant, $1 + 2\sin 18° = 2\cos 36°$.

C'est l'égalité (m) de l'exercice 55 ; on achève de même.

Ex. 57.

$$\operatorname{Sin} 3a \sin a = \sin^2 2a - \sin^2 a.$$

En effet, $\sin 3a \sin a = \sin(2a + a) \sin(2a - a)$.

Nous savons (ex. 49) que $\sin(a + b) \sin(a - b) = \sin^2 a - \sin^2 b$; remplaçons a par $2a$ et b par a ; nous aurons

$$\sin(2a + a) \sin(2a - a) \quad \text{ou} \quad \sin 3a \sin a = \sin^2 2a - \sin^2 a.$$

Ex. 58.

$$\operatorname{Tang} 3a \tang a = \frac{\tang^2 2a - \tang^2 a}{1 - \tang^2 a \tang^2 2a}.$$

En effet, $\tang 3a \tang a = \tang(2a + a) \tang(2a - a) =$
$$\frac{\tang 2a + \tang a}{1 - \tang a \tang 2a} \times \frac{\tang 2a - \tang a}{1 + \tang a \tang 2a} = \frac{\tang^2 2a - \tang a}{1 - \tang^2 a \tang^2 2a}.$$

Ex. 59.

$1 + \cos a = 2\cos^2 \dfrac{a}{2}$ (form. 19) ; $1 - \cos a = 2\sin^2 \dfrac{a}{2}$ (f. 21)

$$\sqrt{\frac{1-\cos a}{1+\cos a}} = \sqrt{\frac{2\sin^2 1/2\,a}{2\cos^2 1/2\,a}} = \frac{\sin 1/2\,a}{\cos 1/2\,a} = \tan g\,\frac{a}{2}.$$

Ex. 60.

$$1 + \sin a = 1 + \cos(90° - a) = 2\cos^2\left(45° - \frac{a}{2}\right)\ (\text{f. } 19)$$

$$1 - \sin a = 1 - \cos(90° - a) = 2\sin^2(45° - 1/2\,a).$$

Enfin
$$\sqrt{\frac{1-\sin a}{1+\sin a}} = \tan g\left(45° - \frac{a}{2}\right).$$

Ex. 61.

$$1 + \tan g\,a = \tan g\,45° + \tan g\,a = \frac{\sin(45° + a)}{\cos 45°\cos a}\ (\text{f. } 29)$$

$$1 - \tan g\,a = \tan g\,45° - \tan g\,a = \frac{\sin(45° - a)}{\cos 45°\cos a}\ (\text{f. } 30)$$

$$\frac{1 + \tan g\,a}{1 - \tan g\,a} = \frac{\tan g\,45° + \tan g\,a}{1 - \tan g\,45°\tan g\,a} = \tan g\,(45° + a)\ (\text{f. } 13)..$$

En divisant les deux premières égalités précédentes membre à membre, on doit trouver la troisième. En effet, $\sin(45° - a) = \cos(45° + a)$ puisque $(45° - a) + (45° + a) = 90°$. En mettant $\cos(45° + a)$ à la place de $\sin(45° - a)$, on obtient la vérification.

Ex. 62.

$$\text{Tang } a + \sin a = \frac{\sin a}{\cos a} + \sin a = \frac{\sin a\,(1 + \cos a)}{\cos a} =$$

$$\frac{\sin a \times 2\cos^2 1/2\,a}{\cos a} = 2\tan g\,a\cos^2 1/2\,a.$$

$$\text{Tang } a - \sin a = \frac{\sin a\,(1 - \cos a)}{\cos a} = 2\tan g\,a\sin^2\frac{a}{2}.$$

Ex. 63,

$$\text{Cot } a + \tan g\,a = \frac{\sin a}{\cos a} + \frac{\cos a}{\sin a} = \frac{\sin^2 a + \cos^2 a}{\sin a\cos a} =$$

$$\frac{1}{\sin a\cos a} = \frac{2}{\sin 2a}$$

$$\cot a - \tan a = \frac{\cos a}{\sin a} - \frac{\sin a}{\cos a} = \frac{\cos^2 a - \sin^2 a}{\sin a \, \cos a} = \frac{\cos 2a}{1/2 \sin 2a} = 2 \cot 2a.$$

Ex. 64.

$$\sec a + \csc a = \frac{1}{\sin a} + \frac{1}{\cos a} = \frac{\sin a + \cos a}{\sin a \, \cos a} = \frac{\sin a + \sin(90° - a)}{\sin a \, \cos a} = \frac{2 \sin 45° \cos(45° - a)}{\sin a \, \cos a} = \frac{4 \sin 45° \cos(45° - a)}{\sin 2a}.$$

$$\csc a - \sec a = \frac{1}{\sin a} - \frac{1}{\cos a} = \frac{\cos a - \sin a}{\cos a \, \sin a} = \frac{\sin(90° - a) - \sin a}{\cos a \, \sin a} = \frac{2 \cos 45° \sin(45° - a)}{\sin a \, \cos a} = \frac{4 \cos 45° \sin(45° - a)}{\sin 2 a}$$

$$\tan a + \sec a = \frac{\sin a}{\cos a} + \frac{1}{\cos a} = \frac{1 + \sin a}{\cos a} = \frac{2 \cos^2(45° - 1/2 \, a)}{\cos a} \quad \text{(Ex. 60)}$$

$$\sec a - \tan a = \frac{1 - \sin a}{\cos a} = \frac{2 \sin^2(45° - 1/2 \, a)}{\cos a}.$$

Ex. 65.

$$\cot a + \csc a = \frac{\cos a}{\sin a} + \frac{1}{\sin a} = \frac{1 + \cos a}{\sin a} = \frac{2 \cos^2 1/2 \, a}{2 \sin 1/2 \, a \cos \tfrac{1}{2} a} = \cot \frac{a}{2}$$

$$\csc a - \cot a = \frac{1 - \cos a}{\sin a} = \frac{2 \sin^2 1/2 \, a}{2 \sin 1/2 \, a \cos 1/2 \, a} = \tan \frac{a}{2}.$$

Ex. 66.

$$\mathrm{S\acute{e}c}\, a + 2\sin a = \frac{1}{\cos a} + 2\sin a = \frac{1 + 2\sin a \cos a}{\cos a} =$$

$$\frac{1 + \sin 2a}{\cos a} = \frac{2\cos^2(45° - a)}{\cos a} \quad \text{(Ex. 60.)}$$

$$\mathrm{s\acute{e}c}\, a - 2\sin a = \frac{1 - 2\sin a \cos a}{\cos a} = \frac{1 - \sin 2a}{\cos a} = \frac{2\sin^2(45° - a)}{\cos a}.$$

Ex. 67.

$$\mathrm{Tang}\, a + 2\sin^2 a = \tan a + 2\tan a \cos a \sin a = \tan a \,(1 + 2\sin a \cos a) = \tan a \,(1 + \sin 2a) = 2\tan a \cos^2(45° - a)$$
(Ex. 60).

$$\mathrm{Tang}\, a - 2\sin^2 a = \tan a - 2\tan a \cos a \sin a = \tan a \,(1 - 2\sin a \cos a) = \tan a \,(1 - \sin 2a) = 2\tan a \sin^2(45° - a).$$

Nous avons remplacé un des facteurs, $\sin a$, par $\tan a \cos a$.

Ex. 68.

$$1 + \sin a + \cos a = 2\cos^2\frac{a}{2} + \sin a \;(\mathrm{f.}\; 19) = 2\cos^2\frac{a}{2} + 2\sin\frac{a}{2}\cos\frac{a}{2} = 2\cos\frac{a}{2}\left(\cos\frac{a}{2} + \sin\frac{a}{2}\right) = 2\cos\frac{a}{2}\left(\sin\left(90° - \frac{a}{2}\right) + \sin\frac{a}{2}\right) = 4\cos\frac{a}{2}\times\sin 45°\cos\left(45° - \frac{a}{2}\right).$$

$$1 + \sin a - \cos a = 1 - \cos a + \sin a = 2\sin^2\frac{a}{2} + 2\sin\frac{a}{2}\cos\frac{a}{2}$$
$$= 2\sin\frac{a}{2}\left(\sin\frac{a}{2} + \cos\frac{a}{2}\right) = 4\sin\frac{a}{2}\sin 45°\cos\left(45° - \frac{a}{2}\right).$$

Ex. 69.

Quand $a + b + c = 180°$, $\sin a + \sin b + \sin c = \sin a + \sin b + \sin(a + b) = 2\sin\frac{a+b}{2}\cos\frac{a-b}{2} + 2\sin\frac{a+b}{2}\cos\frac{a+b}{2}$ (f. 25 et 23)

$$= 2\sin\frac{a+b}{2}\left(\cos\frac{a-b}{2}+\cos\frac{a+b}{2}\right) = 4\sin\frac{a+b}{2}\cos\frac{a}{2}\cos\frac{b}{2}$$

d'après la formule (27) renversée.

Mais $\dfrac{a+b}{2}=\dfrac{180°-c}{2}=90-\dfrac{c}{2}$; $\sin\dfrac{a+b}{2}=\cos\dfrac{c}{2}$.

On a donc $\sin a + \sin b + \sin c = 4\cos\dfrac{a}{2}\cos\dfrac{b}{2}\cos\dfrac{c}{2}$. (m)

Ex. 70.

Quand $a+b+c=180°$, $\sin a + \sin b - \sin c = \sin a + \sin b -$
$\sin(a+b) = 2\sin\dfrac{a+b}{2}\cos\dfrac{a-b}{2}-2\sin\dfrac{a+b}{2}\cos\dfrac{a+b}{2}$ (f. 25 et 23) $=$
$2\sin\dfrac{a+b}{2}\left(\cos\dfrac{a-b}{2}-\cos\dfrac{a+b}{2}\right) = 2\sin\dfrac{a+b}{2}\sin\dfrac{a}{2}\sin\dfrac{b}{2}$
(d'après la formule (28) renversée); et enfin, $\sin a + \sin b -$
$\sin c = 4\sin\dfrac{a}{2}\sin\dfrac{b}{2}\cos\dfrac{c}{2}$, puisque $\sin\dfrac{(a+b)}{2}=\cos\dfrac{c}{2}$. (n)

Ex. 71.

$\cos^2 2a - \sin^2 a$.

Nous avons trouvé (ex. 50): $\cos a - \sin^2 b = \cos(a+b)\cos(a-b)$.
Remplaçons a par $2a$ et b par a, nous aurons : $\cos 2a - \sin^2 a = \cos 3a \cos a$.

$\cos^2(a+b)-\sin^2 a$. On a trouvé dans l'ex. 50 que $\cos^2 b - \sin^2 a = \cos(a+b)\cos(b-a)$; changeons b en $(a+b)$; nous aurons $\cos^2(a+b)-\sin^2 a = \cos(2a+b)\cos b$.

$\sin^2(a+b)-\sin^2 a$. On a trouvé dans l'ex. 49 que $\sin^2 b - \sin^2 a = \sin(a+b)\sin(b-a)$. Changeons b en $a+b$, nous aurons $\sin^2(a+b)-\sin^2 a = \sin(2a+b)\sin b$.

Nous avons appliqué les formules des ex. 49 et 50 en supposant $b > a$.

Ex. 72.

$\cos^2(a+2b)-\sin^2 b$.

Renversons la formule de l'exemple (50) qui devient :

$\cos^2 a - \sin^2 b = \cos(a+b)\cos(a-b)$, et remplaçons-y a seulement par $a+2b$.

On obtient ainsi : $\cos^2(a+2b) - \sin^2 b = \cos(a+3b)\cos(a+b)$.

Ex. 73.

$\mathrm{Sin}\, x + \cos x = \sin x + \sin(90° - x) = 2\sin 45° \cos(45° - x)$.

Le facteur $\cos 45° - x$ est seul variable. Or la plus grande valeur d'un cosinus est 1 qui est $\cos 0°$.

Le maximum a donc lieu quand $45° - x = 0$ ou $x = 45°$.

Alors $\cos(45° - x) = 1$, et $\sin x + \cos x = 2\sin 45° = \sqrt{2}$.

ÉGALITÉS A VÉRIFIER POUR LE CAS OU $a+b+c = 180°$

(depuis l'ex. 74 jusqu'à l'ex. 80 inclus).

Ex. 74.

$2a + 2b + 2c = 360°$; $\sin 2c = -\sin 2(a+b)$.

$\mathrm{Sin}\, 2a + \sin 2b + \sin 2c = 2\sin(a+b)\cos(a-b) - 2\sin(a+b)\cos(a+b) = 2\sin(a+b)[\cos(a-b) - \cos(a+b)] = 4\sin c \sin a \sin b$.

$a+b = 180° - c$; $\sin(a+b) = \sin c$. Nous avons appliqué successivement les form. 25, 15 et 27 renversée.

REMARQUE. On démontre de même la formule

$$\sin 2a + \sin 2b - \sin 2c = 4\cos a \cos b \sin c.$$

Ex. 75.

$\mathrm{Cos}^2 a + \cos^2 b + \cos^2 c + 2\cos a \cos b \cos c = 1.$ $\qquad (p)$

$a+b+c = 180°$ donne $\cos c = \cos 180° - (a+b) = -\cos(a+b) = \sin a \sin b - \cos a \cos b,$

d'où on déduit $\cos c + \cos a \cos b = \sin a \sin b$; puis

$$(\cos c + \cos a \cos b)^2 \text{ ou } \cos^2 c + \cos^2 a \cos^2 b + 2\cos c \cos a \cos b = \sin^2 a \sin^2 b.$$

Mais $\sin^2 a \sin^2 b = (1 - \cos^2 a)(1 - \cos^2 b) = 1 - \cos^2 a - \cos^2 b + \cos^2 a \cos^2 b.$

En substituant cette valeur dans l'égalité précédente, puis effaçant de part et d'autre $\cos^2 a \cos^2 b$, il vient

$$\cos^2 c + 2 \cos a \cos b \cos c = 1 - \cos^2 a - \cos^2 b ;$$

d'où $\cos^2 a + \cos^2 b + \cos^2 c + 2 \cos a \cos b \cos c = 1.$ C.Q.F.D.

Ex. 76.

$$\operatorname{Sin}^2\frac{a}{2} + \sin^2\frac{b}{2} + \sin^2\frac{c}{2} + 2 \sin\frac{a}{a} \sin\frac{b}{2} \sin\frac{c}{a} = 1. \qquad (p')$$

$$\frac{1}{2}a + \frac{1}{2}b + \frac{1}{2}c = 90° ; \quad \cos\left(\frac{1}{2}a + \frac{1}{2}b\right) = \sin\frac{1}{2}c.$$

$$\operatorname{Cos}\frac{1}{2}a \cos\frac{1}{2}b - \sin\frac{1}{2}a \sin\frac{1}{2}b = \sin\frac{1}{2}c ;$$

d'où $\left(\sin\frac{1}{2}c + \sin\frac{1}{2}a \sin\frac{1}{2}b\right)^2 = \cos^2\frac{1}{2}a \cos^2\frac{1}{2}b.$ Etc.

On achève comme dans l'ex. 75.

Ex. 77.

$$\operatorname{Cos} a + \cos b + \cos c = 1 + 4 \sin\frac{a}{2} \sin\frac{b}{2} \sin\frac{c}{2}. \qquad (p'')$$

On sait que $\cos a = 1 - 2 \sin^2\frac{a}{2}$, etc. D'après cela doublons les deux membres de l'égalité précédente (p'), ex. 76, et retranchons-les ensuite tous deux de $+ 3$ ou de $1 + 1 + 1$;

$$\left(1 - 2\sin^2\frac{a}{2}\right) + \left(1 - 2\sin^2\frac{b}{2}\right) + \left(1 - 2\sin^2\frac{c}{2}\right) -$$
$$4 \sin\frac{a}{2} \sin\frac{b}{2} \sin\frac{c}{2} = 3 - 2 = 1,$$

d'où $\cos a + \cos b + \cos c = 1 + 4 \sin\frac{a}{2} \sin\frac{b}{2} \sin\frac{c}{2}.$ (C.Q.F.D.)

Ex. 78.

$$\operatorname{Cos} 2a + \cos 2b + \cos 2c + 4 \cos a \cos b \cos c + 1 = 0.$$

Soit $2a = 180° - a'$; $2b = 180° - b'$; $2c = 180° - c'$, et $a' + b' + c' = 180°$.

$$2a + 2b + 2c = 3 \times 180° - (a' + b' + c') = 2 \times 180°; \; a + b + c = 180°.$$

$$- \cos 2a = \cos a'; \; - \cos 2b = \cos b'; \cos 2c = \cos c';$$

$$a = 90° - 1/2\,a', \text{ etc.}; \; \cos a = \sin 1/2\,a'; \cos b = \sin 1/2\,b'; \text{ etc.}$$

Mais puisque $a' + b' + c' = 180°$, on a

$$\cos a' + \cos b' + \cos c' = 1 + 4 \sin \frac{a'}{2} \sin \frac{b'}{2} \sin \frac{c'}{2}. \quad \text{(Ex. 77)}$$

En remplaçant $\cos a'$ par $-\cos 2a$, etc.; $\sin 1/2\,a'$ par $\cos a$, etc.; on trouve

$$- \cos 2a - \cos 2b - \cos 2c = 1 + 4 \cos a \cos b \cos c,$$

d'où résulte l'égalité à vérifier.

Ex. 79.

$$\text{Tang}\,(a+b) = - \tan\,(180° - (a+b)) = - \tan c,$$

ou
$$- \tan c = \frac{\tan a + \tan b}{1 - \tan a \tan b}$$

d'où $\quad - \tan c + \tan a \tan b \tan c = \tan a + \tan b;$

d'où $\quad \tan a + \tan b + \tan c = \tan a \tan b \tan c. \qquad (r)$

Ex. 80.

$$\cot a \cot b + \cot a \cot c + \cot b \cot c = 1. \qquad (s)$$

$a + b + c = 180°$ donne

$$- \cot c = \cot(a+b) = \frac{\cot a \cot b - 1}{\cot a + \cot b};$$

d'où $\quad - \cot a \cot c - \cot b \cot c = \cot a \cot b - 1;$

d'où $\quad 1 = \cot a \cot b + \cot a \cot c + \cot b \cot c. \qquad (s)$

Égalités à vérifier pour le cas où $a + b + c = 90°$, depuis l'ex. 81 jusqu'à l'ex. 84 inclus.

Ex. 81.

$$\tan a \tan b + \tan a \tan c + \tan b \tan c = 1.$$

$a + b + c = 90°$ donne

$$\cot c \quad \text{ou} \quad \frac{1}{\tang c} = \tang (a + b) = \frac{\tang a + \tang b}{1 - \tang a \tang b},$$

ou

$$\tang c = \frac{1 - \tang a \tang b}{\tang a + \tang b};$$

d'où on déduit notre égalité.

Ex. 82.

$$\cot a + \cot b + \cot c = \cot a \cot b \cot c.$$

$a + b + c = 90°$ donne

$$\tang c \quad \text{ou} \quad \frac{1}{\cot c} = \cot (a + b) = \frac{\cot a \cot b - 1}{\cot a + \cot b},$$

ou

$$\cot c = \frac{\cot a + \cot b}{\cot a \cot b - 1};$$

d'où $\qquad \cot a \cot b \cot c - \cot c = \cot a + \cot b;$

d'où $\qquad \cot a + \cot b + \cot c = \cot a \cot b \cot c.$

Ex. 83.

$$\sin^2 a + \sin^2 b + \sin^2 c + 2 \sin a \sin b \sin c = 1.$$

$a + b + c = 90°$ donne

$$\sin c = \cos (a + b) = \cos a \cos b - \sin a \sin b;$$

d'où $\qquad (\sin c + \sin a \sin b) = \cos^2 a \cos^2 b,$

ou $\sin^2 c + \sin^2 a \sin^2 b + 2 \sin a \sin b \sin c = (1 - \sin^2 a)$
$(1 - \sin^2 b) = 1 - \sin^2 a - \sin^2 b + \sin^2 a \sin^2 b.$

En réduisant et en transposant, on obtient l'égalité proposée.

Ex. 84.

$$c = 90° - (a + b) \text{ et } 2c = 180° - 2(a + b).$$

$\text{Sin } 2a + \sin 2b = 2 \sin (a + b) \cos (a - b) \text{ (f. 25)}.$

$\text{Sin } 2c = \sin 2 (a + b) = 2 \sin (a + b) \cos (a + b) \text{ (f. 15)}$

$\text{Sin } 2 a + \sin 2b + \sin 2c = 2 \sin (a + b) \cos (a - b) +$

$2 \sin(a+b) \cos(a+b) = 2 \sin(a+b) [\cos(a-b) + \cos(a+b)] = 4 \cos c \cos a \cos b$ (f. 26), puisque $\sin(a+b) = \cos c$.

REMARQUE. Toutes les égalités précédentes concernant le cas de $a+b+c=90°$ peuvent se déduire des égalités qui concernent le cas de $a+b+c=180°$. Prenons pour exemple l'exercice 81.

Soient $a = 90° - a'$; $b = 90° - b'$; $c = 90° - c'$, et $a' + b' + c' = 180°$.
$$a + b + c = 3 \times 90° - (a' + b' + c') = 3 \times 90° - 180° = 90°;$$
$$\operatorname{tang} a = \cot a', \quad \operatorname{tang} b = \cot b'; \quad \operatorname{tang} c = \cot c'.$$

Mais puisque $\qquad a' + b' + c' = 180°$,

on a $\qquad \cot a' \cot b' + \cot a' \cot c' + \cot b' \cot c' = 1$.

En remplaçant $\cot a'$ par $\operatorname{tang} a$, etc., on obtient l'égalité à vérifier.

De même pour les exercices 82, 83, 84, dont les égalités se déduisent de la même manière des égalités (r) ex. 79, (p) ex. 75, et (k) ex. 74.

Nous faisons cette remarque parce qu'on peut ainsi déduire d'autres exercices relatifs à $a+b+c=90°$ de ceux qu'on aura faits pour $a+b+c=180°$.

Usage des tables.

Ex. 85.

$$\sin x = 0{,}587, \quad x = 35° 56' 39''{,}8$$
$$\log 0{,}587 = \overline{1}{,}7686381$$
$$095$$

	290
2860	
2500	9,8

Ex. 86.

$\sin x + 2 \cos x = 0$, $\sin x = -2 \cos x$, $\operatorname{tang} x = -2$.
x est compris entre 90° et 180°; il faut chercher son supplément $180° - x$; $\operatorname{tang} 180° - x = -\operatorname{tang} x = 2$.

Log tang $(180° - x) = \log 2 = 0{,}3010300$

09994	526
3060	5,8
4300	

$$180° - x = 63° 26' 5''{,}8$$

Ex. 87.

$$\sin x + \sin y = 1,4783; \quad \cos x - \cos y = 0,1937$$
$$\sin x + \sin y = 2 \sin 1/2\,(x + y) \cos 1/2\,(y - x)$$
$$\cos x - \cos y = 2 \sin 1/2\,(x + y) \sin 1/2\,(y - x)$$
$$\frac{\sin x + \sin y}{\cos x - \cos y} = \frac{1,4783}{0,1937} = \cot \frac{y - x}{2}$$
$$\log 1,4783 = 0,1697626; \quad \log 0,1937 = \overline{1},2871296$$
$$- \log 0,1937 = 0,7128704$$
$$\log \cot \frac{y - x}{2} = 0,8826330$$

$$\frac{y - x}{2} = 7°27'53'',5$$

6910	1634
5800	3,5
8980	

Connaissant $1/2\,(y - x)$, il faut chercher $1/2\,(y + x)$.

$$\sin x + \sin y \text{ ou } 1,4783 = 2 \sin 1/2\,(x + y) \cos 1/2\,(y - x)$$
$$\log \sin 1/2\,(y + x) = \log 1,4783 - \log 2 - \log \cos 1/2\,(y - x)$$

$$\log 1,4783 = 0,1697626$$
$$- \log 2 = \overline{1},6989700$$
$$- \log \cos \frac{y - x}{2} = 0,0036973$$
$$\log \sin 1/2\,(y + x) = \overline{1},8724299$$

$$\log \cos 1/2(y - x) = \overline{1},9963027$$

3018	2,7
1,35	3,5
8,1	

$$1/2\,(y + x) = 48°11'57'',4$$
$$1/2\,(y - x) = 7°27'53'',5$$

148	
1510	189
1870	7,9

$$y = 55°39'50'',9$$
$$x = 40°44'\ 3'',9$$

Ex. 88.

$$\tan x = \tan a + \tan b = \frac{\sin (a + b)}{\cos a \cos b} \quad (1.\ 29)$$

$$a = 43°18'37''; \quad b = 64°27'19''; \quad (a + b) = 107°45'56'',$$
$$\sin (a + b) = \sin [180° - (a + b)] = \sin 72°14'4''.$$

2.

$$\log \sin (a+b) = \overline{1},9787797$$
$$-\log \cos a = 0,1380776$$
$$-\log \cos b = 0,3653057$$
$$\log \operatorname{tang} x = 0,4821630$$
$$0977$$
$$6530$$

$$7770 \qquad 6,8 \quad 4$$
$$\ldots\ldots\ 27,2$$

$$\log \cos a = \overline{1},8619224 \qquad 9164 \quad 19,9 \quad 3$$
$$59,7$$

$$\log \cos b = \overline{1},6346943 \qquad 6899 \quad 44,1 \quad 1$$
$$44,1$$

$$1580 \mid \overline{7}08$$
$$\mid 9,2$$

Rép. $x = 71°45'49'',2$

Ex. 89.

$$\operatorname{tang} x = 1 + \sin a, \quad a = 47°18'24''; \quad \textit{Rép.} \quad x = 60°2'31'',5$$
$$1 + \sin a = 1 + \cos (90° - a) = 2\cos^2 (45° - 1/2 a)$$
$$1/2\, a = 23°39'12'', \quad 45° - 1/2\, a = 21°20'48''$$

$$\log 2 = 0,3010300$$
$$2 \log \cos = \overline{1},9382678$$
$$0,2392978$$
$$03$$
$$750$$
$$2630$$
$$x = 60°2'31'',5$$

$$\log \cos 21°20'48'' = \overline{1},9691339 \qquad 1323 \quad 8,2 \quad 2$$
$$16,4$$

$$\frac{487}{1,5}$$

Ex. 90.

$$\frac{1,478}{1,03} = \frac{\sin x + \sin y}{\cos x + \cos y} = \operatorname{tang} \tfrac{1}{2}(x+y),$$

$$\text{Log } 1,478 = 0,1696744 \qquad \log 1,03 = 0,0128372$$
$$-\log\ 1,03 = \overline{1},9871628$$
$$\log \operatorname{tang} 1/2 (x+y) = 0,1568372$$
$$\frac{x+y}{2} = 55°7'40'',2.$$

$$\frac{63}{900} \Big| \frac{449}{0,2}$$

Cherchons $\frac{1}{2}(x - y)$:

$\sin x + \sin y$ ou $1,478 = 2 \sin 1/2\,(x+y) \cos 1/2\,(x-y)$.

Log $\cos 1/2\,(x-y) = \log 1,478 - \log 2 - \log \sin 1/2\,(x+y)$.

$$\log 1,478 = 0,1696744$$
$$-\log 2 = \overline{1},6989700$$
$$-\log \sin 1/2(x+y) = 0,0859586$$
$$\log \cos 1/2(x-y) = \overline{1},9546030$$
$$098$$
$$0320$$
$$170$$

$1/2(x-y) = 25°44'33'',1$

$$\log \sin \frac{x+y}{2} = \overline{1},9140414 \quad 0411 \qquad 14,7$$
$$2,94 \quad 0,2$$
$$101$$
$$3,1$$

$1/2\,(x+y) = 55°\ 7'40'',2$

$Rép.$ $\begin{cases} x = 80°52'13'',3 \\ y = 29°23'\ 7'',1 \end{cases}$

Ex. 91.

$$\text{Sin } x = 3/5 = 0,6.$$

Log $0,6 = \overline{1},7781512 = \log \sin 36°52'11'',6.$

$$1467$$
$$450 \quad | \quad 281$$
$$1690 \quad | \quad 1,6$$

Ex. 92.

Cos $x = -5/9$; $\cos(180°-x) = 5/9$. $Rép.$ $x = 123°44'56'',4.$

Log $5 = 0,6989700$; $\log 9 = 0,9542425$

$-\log 9 = \overline{1},0457575$

log cos $= \overline{1}.7447275$

$$390$$
$$1150 \quad | \quad 315$$
$$2050 \quad | \quad 3,6$$

$180°-x = 56°15'\ 3'',6$
$x = 123°44'56'',4$

Ex. 93.

Cos $x = 0,7.$ $x = 45°\ 34'\ 22'',7.$

Log $0,7 = \overline{1},8450980$

$$1040$$
$$600 \quad | \quad 215$$
$$1700 \quad | \quad 2,7$$

$$\text{Tang } y = 1,4 \qquad y = 54°27'44'',3$$
$$\text{Log } 1,4 = 0,1461280 = \log \text{tang } 54°27'44'',3$$

$$\begin{array}{c|c} 1086 & 445 \\ 1940 & 4,3 \\ 1600 & \end{array}$$

$$\text{Séc } z = -1,8 \,;\; \cos z = -\frac{1}{1,8} = -\frac{10}{18} = -\frac{5}{9}.$$

C'est le cosinus donné dans l'ex. 92. On trouve de même $z = 123°44'56'',4.$

Ex. 94.

$$\log b = 3,4029265$$
$$-\log a = \overline{4},4005733$$
$$\log \sin x = \overline{1},8034998$$
$$x = 39°29'55''8,$$

$$\begin{array}{c} 850 \\ \hline 1480 \;|\; 255 \\ 2050 \;|\; 5,8 \end{array}$$

$$\log a = 3,5994267$$

$$\begin{array}{r} 9145 \\ 120 \\ 4245 \\ 22 \end{array}$$

Ex. 95.

$$\log b = 2,7765828$$
$$-\log \cos C = 0,3188925$$
$$\log a = \overline{3,0954753}$$
$$a = 1246,87$$

$$\begin{array}{c} 483 \\ \hline 270 \end{array}$$

$$\log \cos C = \overline{1},6811075$$

$$\begin{array}{r} 5777 \\ 51 \\ 0971 \quad 38,5 \\ \quad 2,7 \\ 26,95 \\ 77,0 \end{array}$$

Ex. 96.

$$1 - \cos x = 2\sin^2\tfrac{1}{2}x = \frac{2\sin 47°19'43''}{\cos 17°32'53''7} = \frac{2\sin a}{\cos b}$$

$$\log \sin \frac{x}{2} = \frac{1}{2}\left[\log \sin 47°19'43'' - \log \cos 17°32'53'',7\right]$$

$$\log \sin a = \overline{1},8310877$$
$$- \log \cos b = 0,0206960$$
$$\log \sin \frac{x}{2} = \overline{1},8517837$$

$$\frac{x}{2} = 45° 18' 17'',5$$

$$\log \cos 17°... = \overline{1},9793040$$

$$x = 90° 36' 35''$$

RÉSOLUTION DES TRIANGLES RECTANGLES.

Les tableaux du livre étant très-développés et bien expli-
qués, il est inutile que nous les recommencions ici pour les
cas généraux. Les élèves devront disposer chaque résolution
de triangle comme nous l'avons fait. Nous indiquons les ré-
sultats.

Ex. 97.

RÉP. $C = 47° 22' 1'',1$; $c = 28675,5$; $b = 26396,9$.

Ex. 98.

RÉP. $B = 50° 36' 46'',1$; $C = 39° 23' 13'',9$; $c = 3091,92$.

Ex. 99.

RÉP. $C = 39° 31' 59'',1$; $a = 36087,38$; $b = 22970,47$.

Ex. 100.

RÉP. $B = 38° 29' 5'',8$; $C = 51° 30' 54'',2$; $a = 3046,20$.

Ex. 101.

$$a = 5849; \frac{b}{c} = \frac{8}{5} = 1,6 \ ;$$

$$\frac{b}{c} = \tang B = 1,6, \quad \log \tang B = 0,2041200;$$

$$0,2041200 = \log \operatorname{tang} 57°59'40'',6$$

$$\begin{array}{c|c} 1171 & \\ \hline 2900 & 468 \\ 92 & \overline{0,6} \end{array}$$

$$B = 57°59'40'',6 \quad C = 32°0'19'',4.$$
$$b = a\sin B; \quad \log b = \log a + \log\sin B$$

$$\begin{array}{l} \log a = 3,7670816 \\ \log\sin B = \overline{1},9283950 \\ \hline \log b = 3,6954766 \\ 29 \\ \hline 37 \end{array}$$

$$= 49599,4 \qquad\qquad 3942 \quad \begin{array}{l}13,1\\0,6\\ \hline 7,86\end{array}$$

$c = 5/8$ de b. Cherchons-le autrement pour vérification
$$c = a\cos B; \quad \log c = \log a + \log\cos B.$$

$$\begin{array}{l} \log a = 3,7670816 \\ \log\sin B = \overline{1},7242751 \\ \hline \log c = 3,4913567 \\ 477 \\ \hline 90 \end{array}$$

$$2434 \quad \begin{array}{l}33,7\\9,4\\ \hline 13,48\\303,3\end{array}$$

$$c = 30999,63 \qquad c \times 1,6 = 49599,408 \ \text{(Vérification)}$$

Ex. **102.**

$$\begin{aligned} B - C &= 14°19'38'',2; \qquad \tfrac{1}{2}(B+C) = 45° \\ B + C &= 90° \qquad\qquad\quad \tfrac{1}{2}(B-C) = 7°\ 9'49'',1 \\ &\qquad\qquad\qquad\qquad\quad C = 37°50'10'',9 \\ &\qquad\qquad\qquad\qquad\quad B = 52°\ 9'49'',1 \end{aligned}$$

Connaissant a, B et C, on est ramené au 1er cas,
$$b = 470,575; \qquad c = 365,4945.$$

Ex. **103.**

Rép. C $= 40°14'25''$; B $= 49°45'35''$; $a = 3113,27$; $c = 2011,15$.

$$c = a \sin C; \text{ donc } \sin C = \frac{c}{a} = \frac{1}{1,548}; \log \sin C = -\log 1,548.$$

$$\log 1,548 = 0,1897710; \log \sin C = \overline{1},8102290$$

$$\begin{array}{c|c} 164 & 249 \\ \hline 1260 & 5,0 \\ 150 & \end{array}$$

$$B = 49°45'35'' \qquad C = 40°14'25''$$

On connaît b, B et C. On est ramené au 3ᵉ cas.

Ex. 104.

Rép. $a = 811,145;$ $c = 562,555;$ $B = 46°5'22'',7;$
$C = 43°54'37'',3.$

On donne. $b = 584,37;$ $a - c = 248,59.$

$$b^2 = a^2 - c^2 = (a-c)(a+c); a+c = \frac{b^2}{a-c} = \frac{(584,37)^2}{248,59}.$$

$$\log(a+c) = 2\log 584,37 - \log 248,59.$$

$$\begin{array}{l|l}
\log 584,37 = 2,7666879 & 2\log b = 5,5333758 \\
\log 248,59 = 2,3954837 & -\log(a-c) = \overline{3},6045163 \\
 & \log(a+c) = \overline{3,1378921} \\
\frac{1}{2}(a+c) = 686,85 & a+c = 1373,70 \quad \frac{19}{2} \\
\frac{1}{2}(a-c) = 124,295 &
\end{array}$$

$$Rép. \begin{cases} a = \overline{811,145} \\ c = 562,555 \end{cases}$$

$$b = a \sin B. \quad \text{Log} \sin B = \log b - \log a.$$

$$\begin{array}{l}
\log b = 2,7666879 \\
-\log a = 3,0909015 \\
\hline
\log \sin B = \overline{1},8575894
\end{array}$$

$$2,9090985 \qquad 0958$$

$$27$$

$$B = 46° 5'22'',7$$
$$C = 43°54'37'',3$$

Ex. 105.

Rép. $a = 2494,55$; $c = 2138,42$; $B = 30°59'32'',2$; $C = 59°0'27'',8$.

$$b + c - a = \quad 928,37 \qquad\qquad a - c = b - (b + c - a)$$
$$b = \underline{1284,50}$$
$$a - c = \overline{356,13} \text{ (reste).}$$

Connaissant b et $a - c$, on est dans le cas de l'exercice précédent, et on résout exactement de la même manière.

$$a + c = \frac{b^2}{a - c}; \qquad \log b = 3,1087341; \qquad 2\log b = 6,2174682$$

$$\log (a - c) = 2,5516086; \; - \log (a - c) = \overline{3,4483914}$$

$$\log (a + c) = \overline{3,6658596}$$
$$\frac{29}{67}$$

$$a + c = 4632,97$$

$$1/2 \, (a + c) = 2316,485$$
$$1/2 \, (a - c) = \underline{178,065}$$
$$a = \overline{2494,550} \qquad\qquad \log b = 3,1087341$$
$$c = 2138,42 \qquad\qquad - \log a = \overline{4,6030078}$$

$$B = 30°59'32'',2 \qquad\qquad \log \sin B = \overline{1,7117419}$$
$$C = 90° - B. \qquad\qquad\qquad\qquad 342$$
$$\begin{array}{r|r} 770 & 350 \\ \hline 700 & 2,2 \end{array}$$

Ex. 106.

Rép. $C = 38°40'16'',6$; $a = 6361,42$; $b = 4966,64$;
$$c = 3974,94.$$

On donne $B = 51°19'43'',4$ et $b + c = 8941,58$.

$$b = a \sin B; \quad c = a \cos B; \quad b + c = a(\sin B + \cos B) =$$
$$a(\sin B + \sin(90° - B)) = 2a \sin 45° \cos (45° - B).$$
$$b + c = a\sqrt{2} \cos 6°19'43'',4.$$
$$\log a = \log(b + c) - 1/2 \log 2 - \log \cos 6°19'43'',4.$$

$$\log (b+c) = 3,9514143 \qquad\qquad 4104$$
$$-\,1/2\ \log 2 = \overline{1},8494850 \qquad\qquad 39$$
$$-\log \cos (45°-B) = 0,0026548 \qquad \log 2 = 0,3010300;\ 1/2 \log 2 = 0,1505150$$
$$\log a = 3,8035541$$
$$527$$
$$14 \qquad \log \cos 6°\ \text{etc.} = \overline{1},9973452 \qquad 3437 \qquad 2,3$$
$$1,38 \qquad 6,6$$
$$a = 6361,42 \qquad\qquad 13,8$$

Connaissant a et B, on est ramené au 2° cas. Il suffit de trouver $b = a \sin B$.

$$\log a = 3,8035541$$
$$\log \sin B = \overline{1},8925085 \qquad\qquad 5028 \qquad 16,9$$
$$\log b = 3,6960626 \qquad\qquad 3,4$$
$$592 \qquad\qquad 6,76$$
$$50,7$$
$$b = 4966,64 \qquad 34 \qquad c = (b+c) - b = 3974,94$$

Ex. 107.

Rép. B $= 16°57'31'',2$; C $= 73°2'28'',8$; $b = 2799,048$; $c = 9178,952$.

On donne $a = 9596,24$; $b + c = 11978$.

$$b + c = a(\cos B + \sin B) = a\,\sqrt{2}\,\cos(45°-B). \text{ (V. l'exerc. 106.)}$$

Donc $\log \cos(45°-B) = \log(b+c) - \log a - 1/2 \log 2.$

$$\log (b+c) = 4,0783843$$
$$-\log a = \overline{4},0178989 \qquad\qquad \log a = 3,9821011 \qquad 0\ 93$$
$$\text{(Ex. 106)} -1/2 \log 2 = \overline{1},8494850 \qquad\qquad 18$$
$$\log \cos(45°-B) = \overline{1},9457682$$
$$781$$
$$990 \quad|\quad 112$$
$$45°-B = 28° 2' 28'',8 \qquad 910 \quad|\quad 8,8$$

$$B = 16° 57' 31'',2 \qquad\qquad C = 73° 2' 28'',8$$

3

$$b = a \sin B \; ; \; \log b = \log a + \log \sin B.$$

$$\begin{aligned}
\log a &= 3,9821011 \\
\log \sin B &= \overline{1},4649093 \\
\hline
\log b &= 3,4470104 \\
&\quad\quad 0029 \\
b &= 2799,048 \quad\quad 75
\end{aligned}$$

$$\begin{aligned}
&\quad\quad 9010 \quad\quad 69,0 \\
&\ldots\ldots\ldots \quad 13,80 \quad\underline{\quad\quad 1,2} \\
&\quad\quad 69,0
\end{aligned}$$

$$c = (b+c) - b = 9178,952$$

Vérification. $b - c = a\,(\sin B - \cos B) = 2\,a \cos 45° \sin (45° - B) = a \sqrt{2} \sin (45° - B)$. On cherche $b - c$ et on en déduit b et c.

Ex. 108.

Rép. $C = 48° 40' 17''$; $a = 2967,775$; $c = 2228,605$; $b = 1959,85$.

On donne $\quad B = 41° 19' 43''$, $\quad a + c = 5196,38$,

$$a + c = a + a \cos B = a(1 + \cos B) = 2 a \cos^2 1/2\,B\,;$$
$$\log a = \log (a + c) - \log 2 - 2 \log \cos 1/2\,B.$$

On calcule a, puis $c = (a + c) - a$, et enfin $b = a \sin B$.

Ex. 109.

Rép. $C = 28° 40' 12''$, $a = 1146,172$, $c = 549,892$, $b = 1005,545$.

On donne $\quad B = 61° 19' 48''$, $\quad a - c = 596,28$,

$$a - c = a - a \cos B = a(1 - \cos B) = 2 a \sin^2 1/2\,B,$$
$$\log a = \log (a - c) - \log 2 - 2 \log \sin 1/2\,B.$$

On calcule a, puis $c = a - (a - c)$, et enfin $b = a \sin B$.

Ex. 110.

Rép. $C = 49° 40' 16'',8$; $a = 2473,526$; $b = 1600,794$; $c = 1885,680$.

On donne $B = 40° 19' 43'',2$, et $a + b + c = 5960$.

$$a + b + c = a + a \sin B + a \cos B = a(1 + \sin B + \cos B),$$

ou $\quad a + b + c = 4 a \cos 45° \cos \dfrac{B}{2} \cos \left(45° - \dfrac{B}{2} \right)$ (ex. 68) $=$

$$a \sqrt{8} \cos \dfrac{B}{2} \cos \left(45° - \dfrac{B}{2} \right).$$

$$\log a = \log(a + b + c) - \frac{1}{2}\log 8 - \log \cos \frac{B}{2} - \log \cos\left(45° - \frac{B}{2}\right).$$

On calcule a, puis $b = a \sin B$, et $c = (a + b + c) - (a + b)$,

Ou mieux, on calcule $c = a \cos B$, puis on additionne, pour vérifier, a, b et c. La vérification donne $a + b + c = 5960$.

Ex. 111.

On donne le rayon R du cercle circonscrit et le rayon r du cercle inscrit.

L'hypoténuse a est le diamètre du cercle circonscrit; $a = 2R$; on connaît donc a.

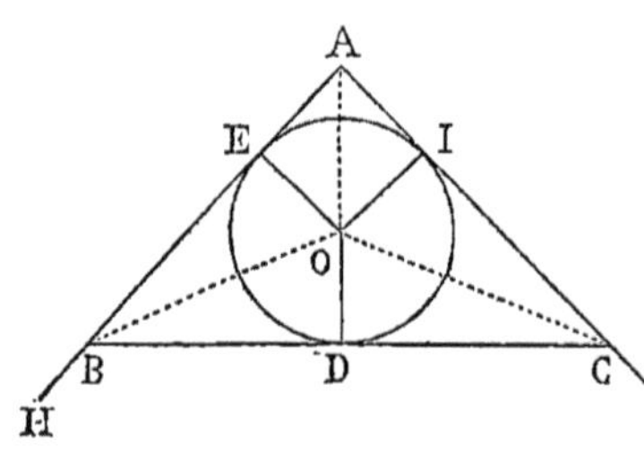

Le cercle O étant le cercle inscrit, on sait que AI=AE; DB=BE; DC=CI. Le périmètre $2p$ du triangle se compose donc de 2 AE + 2 BD + 2CD; par suite $p =$ AE + BD + CD = AE + a; d'où AE = $p - a$; on aurait de même BD = $p - b$ et CD = $p - c$. Les triangles rectangles AEO, BOD, COD donnent

$$OE = AE \tan\frac{A}{2}; \quad OD = BD \tan\frac{B}{2}; \quad OD = CD \tan\frac{C}{2};$$

ou $\quad r = (p - a)\tan\frac{A}{2} = (p - b)\tan\frac{B}{2} = (p - c)\tan\frac{C}{2}; (m)$

Ces égalités sont très-utiles pour résoudre un triangle quelconque quand on donne r.

Quand le triangle est rectangle en A, $1/2\,A = 45°$; par suite $r = p - a$; $2r = 2p - 2a = a + b + c - 2a = b + c - a$; d'où enfin $b + c = 2r + 2R$.

On connaît donc a et $b + c$. C'est le cas de l'exercice 107. On achève comme dans cet exercice.

Ex. 112.

On donne r et B, par suite C.

D'après l'exercice 111, $r = p - a$; $r = (p - b)$ tang $\dfrac{B}{2}$; $r =$ $(p - c)$ tang $\dfrac{C}{2}$. On trouvera donc aisément $p - a$, $p - b$ et $p - c$, et par suite p qui est leur somme.

$$p - a + p - b + p - c = 3p - (a + b + c) = 3p - 2p = p.$$

Connaissant p, on calcule $a = p - (p - a)$; $b = p - (p - b)$ et $c = p - (p - c)$.

Ex. 113.

On donne r et $\dfrac{b}{c}$.

$\dfrac{b}{c} =$ tang B. On calculera d'abord B, puis C.

Cela fait, on est ramené à l'exercice 112. On achève comme dans cet exercice.

Ex. 114.

On donne a et $b \times c$.

$b = a \sin B$; $c = a \cos B$; $2b \times c = 2a^2 \sin B \cos B = a^2 \sin 2 B.$

On calcule 2B, puis B, puis C, et enfin b et c.

Ex. 115.

Rép. S = 9186408.

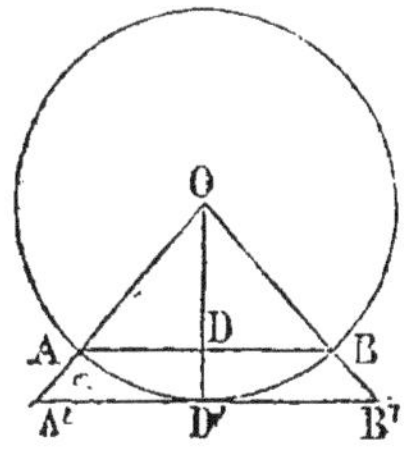

Soit AB le côté du pentédécagone. L'aire du triangle AOB = AD × OD = R sin 1/2 AOB × R cos 1/2 AOB = 1/2 R² × 2 sin 1/2 AOB cos 1/2 AOB = 1/2 R² sin AOB.

$$AOB = \frac{360°}{15} = 24°.$$

L'aire cherchée $S = 15\,AOB = \dfrac{15\,R^2 \sin 24^\circ}{2}$.

On remplace R par sa valeur, et on applique les logarithmes.

$$\text{Log } 2S = \log. 15 + 2 \log 548{,}764 + \log \sin 24^\circ.$$

Ex. 116.

En raisonnant comme dans l'exercice 115 (même figure), on trouve que surface $AOB = \dfrac{R^2}{2} \sin AOB$. Or $AOB = \dfrac{360^\circ}{n}$ et l'aire cherchée $= n\,AOB$.

$$S = \frac{nR^2}{2}\sin\frac{360^\circ}{n} \quad \text{ou} \quad \frac{nR^2}{2}\sin\frac{2\pi}{n} \qquad (\alpha).$$

Ex. 117.

Rép. $S = 347986^{mq}$.

Soient cercle O le cercle circonscrit, A'B' le côté du dodécagone régulier circonscrit, et OD' l'apothème.

Triangle $A'OB' = OD' \times A'D' = R \times R \tang \dfrac{A'OB'}{2}$.

La surface cherchée $S = 12R^2 \tang \dfrac{A'OB'}{2}$.

$$A'OB' = \frac{360^\circ}{12} = 30^\circ\ ; \quad \frac{A'OB'}{2} = 15^\circ.$$

$S = 12R^2 \tang 15^\circ$. Il n'y a plus qu'à appliquer les logarithmes en prenant $R = 328{,}976$.

Ex. 118.

En raisonnant comme dans l'exercice 117, on trouve

Triangle $A'OB' = R^2 \tang \dfrac{A'OB'}{2} = R^2 \tang \dfrac{360^\circ}{2n} = R^2 \tang \dfrac{180^\circ}{n}$.

L'aire du polygone $S = n\,A'OB'$.

$$S = nR^2 \tang \frac{180^\circ}{n} \qquad (\beta).$$

$$- 42 -$$

Ex. 119.

Rép. $\quad$ R $= 11,4846$; $\quad$ R $= 12,0277$.

Soient R et R' les rayons cherchés.

En remplaçant S par 428,56, et n par 10 dans la formule (β) de l'exercice 117, on a

$$428,56 = 10 \, \mathrm{R}^2 \, \mathrm{tang} \, 18° ; \quad \text{ou} \quad 42,856 = \mathrm{R}^2 \, \mathrm{tang} \, 18°.$$

D'où $\log \mathrm{R} = \dfrac{1}{2} \, (\log 42,856 - \log \mathrm{tang} \, 18°)$.

En remplaçant de même S par 428,56, n par 10, et R par R' dans la formule (α) de l'Ex. 115, on a

$$428,56 = 5 \, \mathrm{R}'^2 \, \sin 36°.$$

$\log \mathrm{R}' = \dfrac{1}{2} \, (\log 428,56 - \log 5 - \log \sin 36°)$.

Résolutions de triangles quelconques.

Nous ne donnerons pas les tableaux des calculs pour les cas ordinaires. Les devoirs devront être disposés comme nos tableaux des mêmes cas.

Ex. 120.

Rép. $\quad$ A $= 87°54'28''$; B $= 54°57'27'',6$; C $= 37°8'4'',4$;
$\qquad\qquad$ S $= 8600317^{\mathrm{mq}}$.

Ex. 121.

Rép. $\quad$ A $= 83°50'20'',9$; B $= 51°10'55'',8$; $c = 2672^{\mathrm{m}},874$;
$\qquad\qquad$ S $= 3914765^{\mathrm{mq}}$.

Ex. 122.

Errata. L'angle donné C $= 63°5'4'',4$.
Rép. $\quad$ A $= 62°16'23''$; $b = 219,8565$; $c = 240,3767$;
$\qquad\qquad$ S $= 23390,5$.

Ex. 123.

Rép.   A $= 77°\,33'\,31'',6$; B $= 43°\,41'\,1'',6$; $c = 65865$;
S$=1711112000^{mq}$ (*avec l'approximation que donnent les tables*).

Ex. 124.

Rép. $a = 92,7096$, $b = 101,059$; $c = 89,2826$.
On donne la surface S et les angles.

On a trouvé n° 89 du cours $2S = \dfrac{a^2 \sin B \sin C}{\sin A}$.

Donc $a^2 = \dfrac{2S \sin A}{\sin B \sin C}$; $b^2 = \dfrac{2S \sin B}{\sin A \sin C}$; $c^2 = \dfrac{2S \sin C}{\sin A \sin B}$.

Il suffit donc de chercher log 2 S, log sin A, log sin B, et log sin C. Puis de les employer d'après ces égalités.

$$2S = 7692,16. \quad \log 2S = 3,8860483 \quad \begin{matrix} 0449 \\ 34 \end{matrix}$$

$$\log \sin A = \bar{1},9307490 \quad \begin{matrix} 7400 \\ 90,3 \end{matrix} \quad \begin{matrix} 12,9 \\ 7 \end{matrix}$$

$$\log \sin B = \bar{1},9681564 \quad \begin{matrix} 1530 \\ 33,6 \end{matrix} \quad \begin{matrix} 8,4 \\ 4 \end{matrix}$$

A $= 58°\,29'\,47''$ $\qquad$ $180° = 179°59'60''$
B $= 66°\,18'\,34'',6$ $\qquad$ A $+$ B $= 124°48'21'',6$

$C = 55°11'39''$: $\log \sin C = \bar{1},9143913 \quad \begin{matrix} 3782 \\ 131,4 \end{matrix} \quad \begin{matrix} 14,6 \\ 9 \end{matrix}$

$$\log a = \frac{1}{2}\,[\log 2S + \log \sin A - \log \sin B - \log \sin C].$$

a	b	c
$\log 2S = 3,8860483$	$\log 2S = 3,8860483$	$\log 2S = 3,8860483$
$\log \sin A = \bar{1},9307490$	$\log \sin B = \bar{1},9681564$	$\log \sin C = \bar{1},9143913$
$-\log \sin B = 0,0318436$	$-\log \sin A = 0,0692510$	$-\log \sin A = 0,0692510$
$-\log \sin C = 0,0856087$	$-\log \sin C = 0,0856087$	$-\log \sin B = 0,0318436$
$3,9342496$	$4,0090644$	$3,9015342$
$\log a = 1,9671248$	$\log b = 2,0045322$	$\log c = 1,9507671$
19		39
$a = 92,7096$ $\quad$ 29	$b = 101,059$	$c = 89,2826$ $\quad$ 32

Ex. 125.

Errata. L'angle donné $B = 60°\,18'\,34'',6$.

Rép. $C = 51°\,51'\,38'',4$; $a = 2029,637$; $b = 2108,335$; $c = 1810,828$.

On donne $a+b+c = 5948,8$; $A = 61°\,49'\,47''$; $B = 66°18'34'',6$.

$$180° = 179°\,59'\,60''.$$
$$A + B = 128°\,8'\,21'',6.$$
$$\overline{\hphantom{A+B=}\ C = 51°\,51'\,38'',4}$$

On sait que $\dfrac{a}{\sin A} = \dfrac{b}{\sin B} = \dfrac{c}{\sin C}.$

Donc $\dfrac{a}{\sin A} = \dfrac{a+b+c}{\sin A + \sin B + \sin C}$; d'où, d'après l'Ex. 69,

$$\frac{2a}{4\sin\frac{A}{2}\cos\frac{A}{2}} = \frac{a+b+c}{4\cos\frac{A}{2}\cos\frac{B}{2}\cos\frac{C}{2}}; \text{ ou } 2a = \frac{(a+b+c)\sin\frac{A}{2}}{\cos\frac{B}{2}\cos\frac{C}{2}}.$$

De même $2b = \dfrac{(a+b+c)\sin\frac{B}{2}}{\cos\frac{A}{2}\cos\frac{C}{2}}$; $2c = \dfrac{(a+b+c)\sin\frac{C}{2}}{\cos\frac{A}{2}\cos\frac{B}{2}}.$

$$\frac{A}{2} = 30°54'53'',5; \quad \frac{B}{2} = 33°9'17'',3; \quad \frac{C}{2} = 25°55'49'',2.$$

$$\log \sin \frac{A}{2} = \overline{1},7107635, \qquad \log \cos \frac{A}{2} = \overline{1},9334527$$

$$\log \sin \frac{B}{2} = \overline{1},7379103, \qquad \log \cos \frac{B}{2} = \overline{1},9228271$$

$$\log \sin \frac{C}{2} = \overline{1},6407576, \qquad \log \cos \frac{C}{2} = \overline{1},9539173$$

$$\log (a+b+c) = 3,7744294.$$

$2a = 4059,274$	$2b = 4216,67$	$2c = 3621,656$
3,7744294	3,7744294	3,7744294
$\overline{1},7107635$	$\overline{1},7379103$	$\overline{1},6407576$
0,0771729	0,0665473	0,0665473
0,0460827	0,0460827	0,0771729
$\log 2a = 3,6084485$	$\log 2b = 3,6249697$	$\log 2c = 3,5589072$
04	24	05
81	73	67

La vérification est complète : $a+b+c = 5948,8$.

Ex. 126.

Rép.   B $= 60°51'20'',2$;   C $= 39°49'57'',8$; $b = 7418,94$;
$c = 5541,06$.

On donne $a = 8347$; $b+c = 12860$, et A $= 79°18'42''$.

On sait que $\dfrac{a}{\sin A} = \dfrac{b}{\sin B} = \dfrac{c}{\sin C}$; d'où $\dfrac{a}{\sin A} = \dfrac{b+c}{\sin B + \sin C}$.

Mais $\sin A = 2\sin 1/2 A \cos 1/2 A$; $\sin B + \sin C = 2\sin 1/2 (B+C)$ $\cos 1/2 (B-C) = 2\cos 1/2 A \cos 1/2 (B+C)$;   car $1/2 (B+C) = 90° - 1/2 A$.

En substituant ces valeurs de $\sin A$ et de $\sin B + \sin C$, on trouve, après réductions :

$$\frac{a}{\sin 1/2 A} = \frac{b+c}{\cos 1/2 (B-C)}, \text{ d'où } \cos 1/2 (B-C) = \frac{(b+c)\sin 1/2 A}{a}$$

$$1/2\, A = 39° 39' 21''; \quad 1/2\, (B+C) = 50° 20' 39''.$$

$$\log (b+c) = 4,1092410$$

$\log \sin 1/2 \text{ A} = \overline{1},8049394$ $\qquad$ 9369 $\qquad$ 25,4

$- \log a = \overline{4},0784696$

$\qquad\qquad\qquad\qquad \log a = 3,9215304$

$\log \cos 1/2 \text{ (B} - \text{C)} = \overline{1},9926500$

$$05$$

$$50 \mid 39$$

$$110 \mid 1,2$$

3.

$$\frac{1}{2}(B-C) = 10°30'41'',2$$
$$\frac{1}{2}(B+C) = 50°20'39''$$
$$B = 60°51'20'',2$$
$$C = 39°49'57'',8$$

Connaissant a, A, B, C, on calcule aisément b et c.

On peut chercher $b-c$ par la formule $\dfrac{a}{\sin A} = \dfrac{b-c}{\sin B - \sin C}$; qui devient, si on la transforme comme ci-dessus :

$$\frac{a}{\cos 1/2\,A} = \frac{b-c}{\sin 1/2\,(B-C)}; \quad \text{d'où} \quad b-c = \frac{a \sin 1/2\,(B-C)}{\cos 1/2\,A}.$$

On trouve $b-c = 1977,88$, puis $b = 7418,94$; $c = 5541,06$.

Ex. 127.

Rép. B$=74°29'11'',8$; C$=35°49'11'',2$; $b=32737,78$; $c=19883,78$.

En raisonnant comme dans l'exercice 125,

de $\dfrac{a}{\sin A} = \dfrac{b-c}{\sin B - \sin C}$ on déduit $\dfrac{a}{\cos 1/2\,A} = \dfrac{b-c}{\sin 1/2\,(B-C)}$;

d'où
$$\sin 1/2(B-C) = \frac{(b-c)\cos 1/2\,A}{a}$$

$$1/2\,A = 34°50'48'',5; \quad 1/2\,(B+C) = 55°9'11'',5.$$

$$\log (b-c) = 4,1090383$$
$$\log \cos 1/2\,A = \overline{1},9141753$$
$$-\log a = \overline{5},4966997$$
$$\log a = 4,5033003$$
$$\log \sin 1/2\,(B-C) = \overline{1},5199133$$

1731	14,6
7,3	1,5
14,6	

12	600
2100	0,3

$$1/2(B-C) = 19°20'\ 0'',3$$
$$1/2(B+C) = 55°\ 9'11'',5$$
$$B = 74°29'11'',8$$
$$C = 35°39'11'',2$$

Connaissant a, A, B, C on peut calculer séparément b et c, ou plus simplement trouver $b+c$ par la formule

$$b + c = \frac{a \cos 1/2(B-C)}{\sin 1/2\,A}. \text{ (Voy. l'Exercice 126.)}$$

$$b+c = 52621,56; \quad b = 32737,78; \quad c = 19883,78.$$

Ex. 128.

On donne une hauteur et les angles.

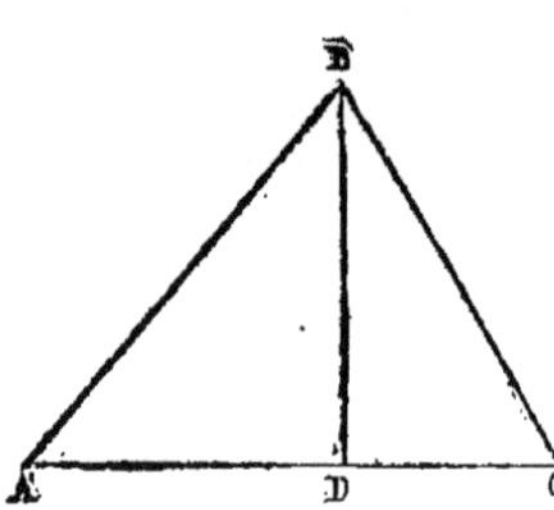

Dans le triangle rectangle ABD, on connaît le côté BD et l'angle A; on calcule BA ou c, et AD. Dans le triangle BDC, on connaît le côté BD et l'angle C ; on calcule BC ou a et DC ; AD+DC = AC ou b. Le triangle est résolu.

On peut calculer b au moyen de a, B et A.

Ex. 129.

On donne deux hauteurs et un angle.
Ex. : BD, la hauteur AE (menez-la) et l'angle A.
On peut calculer BA ou c du triangle rectangle BAD. Cela fait, on connaît dans le triangle rectangle ABE, le côté AE et l'hypoténuse BA; on peut calculer l'angle B. Connaissant A et B, on calcule C. Enfin, on calcule AC du triangle rectangle AEC.

Ex. 130.

On donne une hauteur et deux côtés.
1er CAS. L'un des côtés donnés est la base correspondante.
Ex. : On donne BD, AC et BA (fig. de l'Ex. 128).
On calcule l'angle A et le côté AD du triangle rectangle BAD; puis on résout le triangle rectangle BDC pour trouver le côté BC ou a et l'angle C.
2e CAS. Les deux côtés partent du même sommet que la hauteur. On donne BA, BC et BD.
Dans chacun des triangles rectangles BAD, BCD, on connaît un côté et l'hypoténuse. On calculera : 1° ADC et l'angle A; 2° DC et l'angle C.

Ex. 131.

Fig. de l'Ex. 128. (Menez la bissectrice BI de ABC.) On donne BD, BI et l'angle B.

Dans le triangle BDI je connais BD et BI ; je puis trouver l'angle BID. Cela fait, dans le triangle BIC, je connaîtrai le côté BI, l'angle BIC et l'angle CBI $= 1/2$ B. Je pourrai calculer l'angle C, le côté BC et IC. Dans le triangle BIA, je pourrai calculer l'angle A, le côté BA et IA.

Au lieu de calculer IC et IA séparément, on peut calculer AC, connaissant BA et les angles.

Ex. 132.

On donne B, a, et $b+c$.

(Fig de l'Exerc. 128). Prolongez BA d'une longueur AK égale à AC, et joignez CK (faites la figure). Dans le triangle BCK, on connaît BC ou a, l'angle B et le côté BAK $= c+b$; on peut calculer l'angle K qui est égal à $1/2$ A. (En effet, le triangle ACK est isocèle ; K+ACK$=$2K$=$180°$-$KAC$=$BAC$=$A.)

Connaissant le côté a, l'angle B et l'angle A $=$ 2K, on achève aisément la résolution du triangle ABC (1er *cas*).

Ex. 133.

On donne B, a et $b - c$ (faites la figure).

Construisez un triangle ABC (AC $>$ AB) ; prenez sur le prolongement de AB une longueur BK$' = b-c$ et tracez CK$'$. Le triangle ACK$'$ est isocèle ; car AK$' = c + (b-c) = $ AC ; donc l'angle ACK$' = $ K$'$; A $+$ 2K$' = $ 180° ; A $= $ 180° $-$ 2K$'$. Or on peut calculer l'angle K$'$; car dans le triangle BCK$'$, on connaît BC ou a, BK$' = b-c$ et l'angle CBK$' = $180° $-$ B. L'angle K$'$ étant connu, on connaît A, B, a du triangle ABC, et on peut résoudre ce triangle (1er *cas*).

Ex. 134.

On donne le rayon R du cercle circonscrit et les angles A, B, C.

(Faites la figure.) Faites un triangle ABC et le cercle O circonscrit. Joignez B au centre O, et abaissez OH perpendiculaire sur BC ; l'angle BOH $=$ A ; le triangle BOH donne BH ou $1/2$ $a = $ R sin BOH $= $ R sin A. On calcule $1/2a$, puis a. On trouve de même $1/2b = $ 2R sin B ; et $1/2c = $ 2R sin C.

Ex. 135.

On donne le rayon r du cercle inscrit et les angles A, B, C.
Nous avons établi dans l'Ex. 111 pour un triangle quelconque les égalités :

$$r = (p - a)\, \text{tang}\, \frac{A}{2}\,;\; r = (p - b\, \text{tang}\, \frac{B}{2}\,;\; r = (p - c)\, \text{tang}\, \frac{C}{2}.$$

On calcule $p - a$, $p - b$, $p - c$, puis on les additionne; ce qui donne p. Puis on en déduit $a = p - (p - a)$; $b = p - (p - b)$, et $c = p - (p - c)$.

Ex. 136.

On donne le rayon R du cercle circonscrit, A, et $a + b + c$.
L'égalité $1/2\, a = $ R sin A (Ex. 134) donne a.
Connaissant a, $b + c$ et A, on résout comme dans l'Exercice 126.

Ex. 137.

On donne a, R et B.
On calcule A à l'aide de l'égalité $1/2\, a = $ R sin A. Connaissant a, B, A, on résout aisément le triangle (1er cas).

Ex. 138.

On donne le rayon du cercle inscrit r, le côté a, et $b + c$.
On connaît $a + b + c = 2p$ et, par suite, $p - a$. On calcule l'angle A à l'aide de l'égalité $r = (p - a)\, \text{tang}\, \frac{A}{2}$; connaissant a, A et $b + c$, on résout comme dans l'Exercice 126.

Ex. 139.

On donne r, A, et $2p = a + b + c$.
On calcule $p - a$ à l'aide de l'égalité $r = (p - a)\, \text{tang}\, \frac{A}{2}$.
Connaissant p et $p - a$, on en déduit a, puis $b + c = 2p - a$.
Connaissant a, A et $b + c$, on résout comme dans l'Exercice 126.

Ex. 140.

On donne a, le rayon r, et $b - c$.

$$a + b - c = 2(p-c); \quad a - (b-c) = a+c-b = 2(p-b).$$

On connaît donc $p - b$, $p - c$ et r. On calcule l'angle B et l'angle C à l'aide des égalités

$$r = (p-b)\, \tang \frac{B}{2}; \quad r = (p-c)\, \tang \frac{C}{2}.$$

Connaissant a, B, C, on résout aisément le triangle (1er *cas*).

Ex. 141.

On donne S, $2p$, et A.

D'après la fig. de l'exercice 111, l'aire du triangle, S est évidemment égale à $1/2\ ar + 1/2\ br + 1/2\ cr$; $S = pr$; d'où

$$r = \frac{S}{p}.$$

$$r = (p-a)\, \tang \frac{A}{2}, \text{ donne } p - a = r : \tang \frac{A}{2}.$$

$$a = p - (p-a); \quad b + c = 2p - a; \quad 2S = bc \sin A; \text{ d'où } bc.$$

Connaissant bc et $b + c$, on calcule aisément b et c, puis B et C.

Ex. 142.

On donne a, b, c. Trouver le rayon r et les rayons des cercles ex-inscrits r', r'', r''' (r' dans l'angle A, r'' dans B, et r''' dans l'angle C).

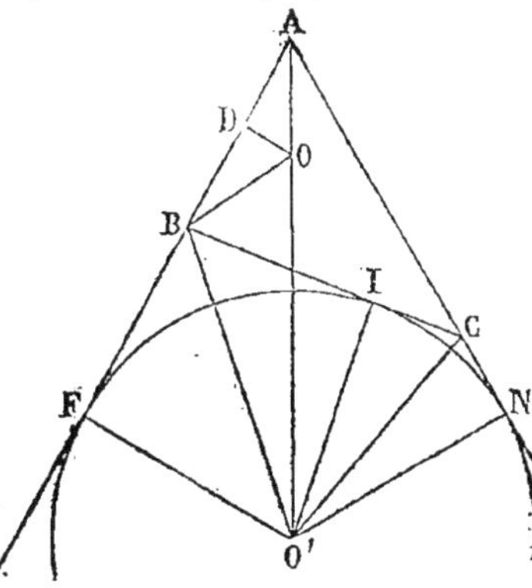

On connaît $a + b + c = 2p$; on en déduit $p - a$, $p - b$, et $p - c$.

L'aire du triangle $S = pr$.

D'un autre côté, on a trouvé dans le cours :

$$S = \sqrt{p(p-a)\,(p-b)\,(p-c)};$$

$$\text{donc } r = \frac{\sqrt{p(p-a)(p-b)(p-c)}}{p} = \sqrt{\frac{p(p-a)(p-b)(p-c)}{p^2}};$$

$$r = \sqrt{\frac{(p-a)(p-b)(p-c)}{p}}.$$

On peut donc calculer r.

La figure donne $\dfrac{O'F}{OD} = \dfrac{AF}{AD}$, c'est-à-dire $\dfrac{r'}{r} = \dfrac{p}{p-a}$ (*);

d'où $\qquad r' = \dfrac{pr}{p-a} = \sqrt{\dfrac{p(p-b)(p-c)}{p-a}}.$

De même $r'' = \sqrt{\dfrac{p(p-a)(p-c)}{p-b}};\quad r''' = \sqrt{\dfrac{p(p-a)(p-b)}{p-c}}.$

REMARQUE. $r \times r' \times r'' \times r''' = p(p-a)(p-b)(p-c) = S^2.$

Ex. 143.

On donne les quatre côtés du trapèze.

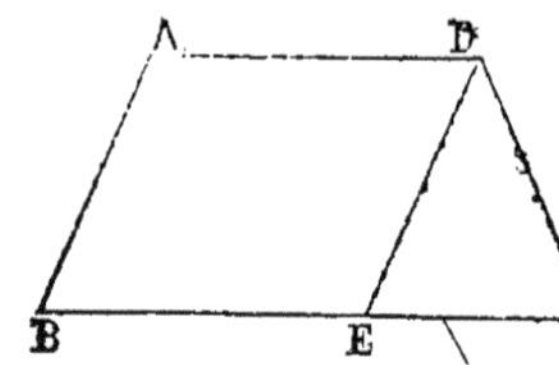

Je mène DE parallèle à AB. Dans le triangle DEC, on connaît DC, DE = AB et CE = BC — AD; on peut calculer l'angle C, l'angle E = B, puis ADC = 180—C, et enfin l'angle A = 180° — B. On connaîtra donc les quatre angles du trapèze.

(*) Dans un triangle ABC (V. la fig.), prolongez AB et AC; menez les bissectrices de l'angle extérieur B et de l'angle extérieur C qui se rencontrent en O'; abaissez des perpendiculaires O'F, O'I et O'N sur AB prolongé, sur BC, et sur AC prolongé.

On a AF=AB + BI; AN=AC+CI; AF + AN=AB+AC+BI+CI= AB+AC+BC=$a+b+c=2p$; mais AF=AN, donc 2AF=$2p$, et AF=p. Soit OD le rayon du cercle inscrit; AD=$p-a$ (Ex. 111), et les triangles AOD, AO'F donnent bien $\dfrac{O'F}{OD} = \dfrac{AF}{AD}$ ou $\dfrac{r'}{r} = \dfrac{p}{p-a}.$

Ex. 144.

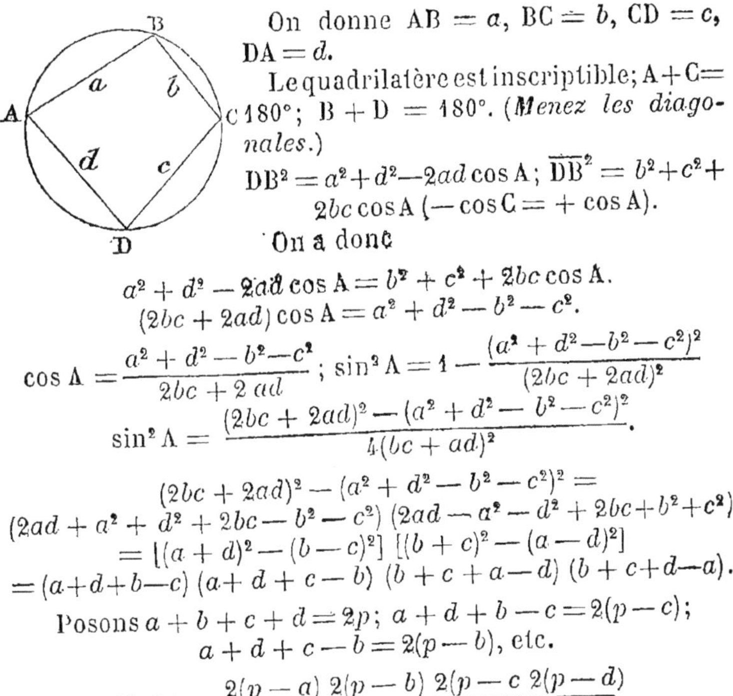

On donne $AB = a$, $BC = b$, $CD = c$, $DA = d$.

Le quadrilatère est inscriptible; $A + C = 180°$; $B + D = 180°$. (*Menez les diagonales.*)

$DB^2 = a^2 + d^2 - 2ad \cos A$; $\overline{DB}^2 = b^2 + c^2 + 2bc \cos A$ $(-\cos C = +\cos A)$.

On a donc

$$a^2 + d^2 - 2ad \cos A = b^2 + c^2 + 2bc \cos A.$$
$$(2bc + 2ad) \cos A = a^2 + d^2 - b^2 - c^2.$$

$$\cos A = \frac{a^2 + d^2 - b^2 - c^2}{2bc + 2ad}; \quad \sin^2 A = 1 - \frac{(a^2 + d^2 - b^2 - c^2)^2}{(2bc + 2ad)^2}$$

$$\sin^2 A = \frac{(2bc + 2ad)^2 - (a^2 + d^2 - b^2 - c^2)^2}{4(bc + ad)^2}.$$

$$(2bc + 2ad)^2 - (a^2 + d^2 - b^2 - c^2)^2 =$$
$$(2ad + a^2 + d^2 + 2bc - b^2 - c^2)(2ad - a^2 - d^2 + 2bc + b^2 + c^2)$$
$$= [(a + d)^2 - (b - c)^2][(b + c)^2 - (a - d)^2]$$
$$= (a + d + b - c)(a + d + c - b)(b + c + a - d)(b + c + d - a).$$

Posons $a + b + c + d = 2p$; $a + d + b - c = 2(p - c)$; $a + d + c - b = 2(p - b)$, etc.

$$\sin^2 A = \frac{2(p - a)\, 2(p - b)\, 2(p - c)\, 2(p - d)}{4(bc + ad)^2}$$

ou $$\sin^2 A = \frac{4(p - a)(p - b)(p - c)(p - d)}{(bc + ad)^2}; \quad \sin C = \sin A.$$

Pour avoir sin B, il suffit de changer d, a, b, c en a, b, c, d, lettre pour lettre (ou bien, on peut recommencer le même travail en prenant les valeurs de $\overline{AC}^2$. Le numérateur ne change pas.)

$$\sin^2 B = \frac{4(p - a)(p - b)(p - c)(p - d)}{(cd + ab)^2}.$$

CALCUL DE LA SURFACE. $ADB = 1/2\, ad \sin A$; $DBC = 1/2\, bc \sin A$; $ABCD = 1/2\, (ad + bc) \sin A$.

En remplaçant sin A par sa valeur précédente, on trouve :

$$S = \sqrt{(p-a)\,(p-b)\,(p-c)\,(p-d)}.$$

Valeurs des diagonales. On remplace cos A par sa valeur dans $\overline{DB}^2$;

$$\overline{DB}^2 = a^2 + d^2 - \frac{ad\,[(a^2+d^2)-(b^2+c^2)]}{(bc+ad)}$$
$$= \frac{(a^2+d^2)\,(bc+ad) - ad\,[(a^2+d^2)-b^2+c^2)]}{bc+ad}.$$

Mais $\quad (a^2+d^2)\,(bc+ad) - ad\,[(a^2+d^2)-(b^2+c^2)]$
$$= (a^2+d^2)\,bc + ad\,(b^2+c^2) = a^2bc + d^2bc + adb^2 + adc^2$$
$$= ac\,(ab+dc) + bd\,(ab+dc) = (ac+bd)\,(ad+dc).$$

Donc

$$\overline{DB}^2 = \frac{(ac+bd)\,(ab+cd)}{bc+ad}\ ;\ \text{de même}\ \overline{AC}^2 = \frac{(bd+ac)\,(ad+bc)}{ab+dc}.$$

Remarque. En multipliant, on trouve $\overline{DB}^2 \times \overline{AC}^2 = (ac+bd)^2$; d'où $DB \times AC = ac + bd$, égalité démontrée en géométrie.

Ex. 146.

Mesurer le diamètre d'un bassin dont on ne peut pas approcher.
On choisit deux points A et B au niveau du bassin. On trace et on

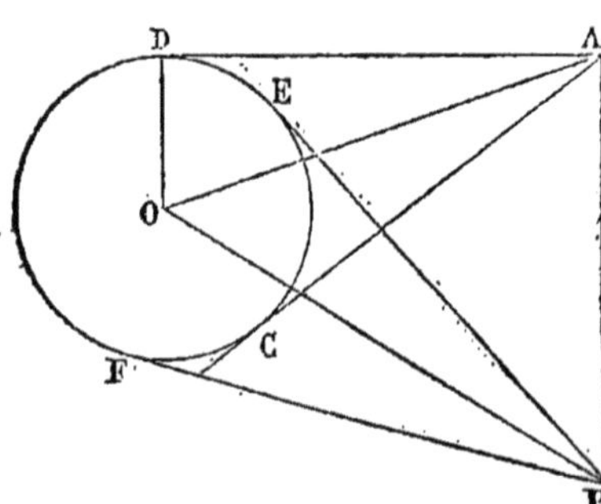

mesure la droite AB. Étant en A, on dirige l'alidade fixe du graphomètre suivant AB, et l'alidade mobile suivant une direction AD tangente à la circonférence du bassin ; on note l'angle DAB. On dirige ensuite l'alidade mobile suivant la deuxième tangente AC, et on note l'angle CAB. On se transporte ensuite au point B, où on mesure de même les angles FBA, EBA. Cela fait, on calcule l'angle DAO = OAC = 1/2 (DAB — CAB); puis OAB = CAB + OAC, et enfin l'angle OBA = EBA + 1/2 (FBA — EBA) = 1/2 (FBA + EBA). Connaissant AB et les angles OAB, OBA du triangle CAB, on calcule AO. Enfin, connaissant AO et l'angle DAO du triangle rectangle OAD, on calcule le rayon cherché OD.

<table>
<tr><td>

Ex. 147.

$$\log 4 = 0{,}6020600$$
$$\log \pi = 0{,}4971499$$
$$2\log R = 5{,}5212218$$
$$2\log \sin 1/2\,a = \overline{1}{,}2264954$$
$$\log \text{Zone} = 5{,}8469271$$
$$\begin{array}{r} 44 \\ \hline 27 \end{array}$$

Zone = 702954^{mq}

</td><td>

Ex. 148.

$$\log 4 = 0{,}6020600$$
$$\log \pi = 0{,}4971499$$
$$2\log R = 5{,}3786178$$
$$\log \sin 1/2\,a = \overline{1}{,}6878105$$
$$\log \sin (b + 1/2\,a) = \overline{1}{,}8774346$$
$$\log \text{Zone} = 6{,}0430728$$
$$\begin{array}{r} 477 \\ \hline 251 \end{array}$$

Zone = 1104264^{mq}

</td></tr>
</table>

Ex. 149.

1° *Discussion de la formule* $\quad c = b \cos A \pm \sqrt{a^2 - b^2 \sin^2 A} \quad$ (1)

Chaque valeur convenable de c doit être réelle et positive.

Pour que les deux valeurs (1) soient réelles, il faut et il suffit que a ne soit pas plus petit que $b \sin A$. Or $b \sin A$ est la valeur de la perpendiculaire CD abaissée du sommet C sur le côté AB; le côté a ou CB ne peut pas être moindre que cette perpendiculaire; c'est conforme à la géométrie. Nous supposerons cette condition remplie.

Trois cas peuvent d'ailleurs se présenter : 1° A > 90°; 2° A = 90°; 3° A < 90°.

1er CAS. A *obtus* ou > 90°; $b \cos A$ est négatif; la 2e valeur de c toujours négative ne convient pas. Pour que la 1re soit positive et convienne, il faut et il suffit qu'en valeur absolue $\sqrt{a^2 - b^2 \sin^2 A}$ soit plus grand que $b \cos A$; d'où $a^2 - b^2 \sin^2 A > b^2 \cos^2 A$; ou bien $a^2 > b^2 (\sin^2 A + \cos^2 A)$, $a^2 > b^2$, ou enfin $a > b$. Ainsi quand A est obtus, il ne peut y avoir qu'une solution, et encore faut-il que a soit plus grand que b.

2e CAS. A = 90°, cos A = 0; sin A = 1; $c = \pm \sqrt{a^2 - b^2}$.

Il ne peut y avoir qu'une valeur $e = + \sqrt{a^2 - b^2}$, et il faut qu'on ait $a > b$.

3ᵉ Cas. A *aigu* ou $< 90°$; $b \cos A$ est positif. La plus grande valeur de $c = b \cos A + \sqrt{a^2 - b^2 \sin^2 A}$ est positive et convient. Pour que la 2ᵉ valeur convienne, il faut que l'on ait $b \cos A > \sqrt{a^2 - b^2 \sin^2 A}$ ou $b^2 \cos^2 A > a^2 - b^2 \sin^2 A$, ou bien $b^2 (\cos^2 A + \sin^2 A) > a^2$, ou enfin $b^2 > a^2$, ou $b > a$. Quand l'angle A est aigu, il y a toujours une solution au moins si $a \geq b \sin A$, et il y en a deux si l'on a en même temps le côté $a < b$.

Nous avons considéré tous les cas possibles.

Discussion des formules $c = \dfrac{a \sin(\varphi \pm A)}{\sin A}$; $\sin \varphi = \dfrac{b \sin A}{a}$ (2)

Pour que l'angle φ soit réel, existe, $\sin \varphi$ ne devant pas surpasser 1, il faut et il suffit que a ne soit pas plus petit que $b \sin A$; nous supposerons cette condition remplie. Quand $\sin \varphi$ n'est pas égal à 1, il donne deux valeurs supplémentaires de φ; nous n'avons besoin que d'une valeur; nous prendrons $\varphi < 90°$.

Nous considérerons encore trois cas :

$$A > 90°; \quad A = 90°; \quad A < 90°.$$

1ᵉʳ Cas. $A > 90°$. Alors $\varphi < a$, et $\sin(\varphi - A)$ est négatif; la 2ᵉ valeur de c ne convient pas. Pour que la 1ʳᵉ convienne, il faut que $\sin(\varphi + A)$ soit positif, c'est-à-dire $\varphi + A < 180°$, ou $\varphi < 180° - A$. On doit donc avoir $\sin \varphi < \sin A$, c'est-à-dire $\dfrac{b \sin A}{a} < \sin A$, d'où $b < a$ ou $a > b$. Quand l'angle A est obtus, il n'y a qu'une solution, et encore faut-il que a soit plus grand que b.

2ᵉ Cas. $A = 90°$. Dans ce cas encore, $\varphi < A$; la 2ᵉ valeur de c négative ne convient pas. Pour que la 1ʳᵉ convienne, il faut qu'on ait $\varphi + A < 180°$; $\varphi < 180° - A$ ou $\varphi < 90°$. Par suite $\sin \varphi = \dfrac{b}{a} < 1$ ou $a > b$. Quand A est droit, il n'y a qu'une solution, et encore faut-il que a soit plus grand que b.

3ᵉ Cas. A *aigu*, Alors φ (s'il existe) étant $< 90°$, $A + \varphi$ est plus petit que $180°$; $\sin(\varphi + A)$ est positif, et la 1ʳᵉ valeur de c positive convient (si $a > b \sin A$). Pour que la 2ᵉ valeur convienne, il faut qu'on ait $\varphi - A$ positif ou $\varphi > A$; $\sin\varphi > \sin A$, ou $\dfrac{b\sin A}{a} > \sin A$, ou enfin $a < b$. Quand A est aigu, il y a au moins une solution, si a n'est pas plus petit que $b\sin A$, et il y en a deux si en même temps a est plus petit que b.

Nous avons considéré tous les cas possibles.

Équations trigonométriques.

Ex. 150.

Rép. $x = 45°$; $y = 15°$.

$$\cos(x + y) = 1/2; \text{ donc } x + y = 60° \text{ (Ex. 13)};$$

$\cos(x+y) = \sin(x-y)$; donc $x-y$ et $x+y$ sont complémentaires. $x-y = 90° - (x+y) = 30°$.

Donc enfin $x = 45°$; $y = 15°$.

Ex. 151.

Rép. $x = 60°$.

$$\coséc\, x = \cot x,$$

c'est-à-dire $\dfrac{1}{\sin x} = \dfrac{\cos x}{\sin x}$; $1 = \cos x$; donc $x = 0$. (Ex. 13).

Ex. 152.

Rép. $x = 45°$, ou $x = 158°11'54'',9$.

$$5\sin^2 x - 2\cos^2 x - 3\sin x \cos x = 0.$$

Cette équation étant homogène par rapport à $\sin x$ et à $\cos x$, je pose $\dfrac{\sin x}{\cos x}$ ou $\tang x = y$; $\sin x = y\cos x$. Je remplace; ce qui donne $(5y^2 - 2 - 3y)\cos^2 x = 0$, équation qui se divise en deux : $5y^2 - 2 - 3y = 0$, et $\cos^2 x = 0$.

$\cos x = 0$, qui donne $\sin x = 1$, ne vérifie pas l'équation proposée.

Résolvons donc $5y^2 - 2 - 3y = 0$; y ou $\tan x = \dfrac{3 \pm \sqrt{9+40}}{10}$;

$= \dfrac{3 \pm 7}{10}$: $y' = 1$ et $y'' = -0,4$; $\tan x = 1$, et $\tan x = -0,4$;

d'où $\qquad\qquad x = 45°$ et $x = 158°11'54'',9$.

Ex. 153.

Rép. $x = 56°18'35'',6$, et $x = 45°$.

$$3 \cot x + 2 \tan x = 5.$$

Posons $\qquad\qquad \tan x = y$; $\cot x = \dfrac{1}{y}$.

$$\dfrac{3}{y} + 2y = 5;$$

$$2y^2 - 5y + 3 = 0; \quad y = \dfrac{5 \pm \sqrt{25-24}}{4} = \dfrac{5 \pm 1}{4}$$

$y' = 6/4 = 3/2 = 1,5$; $y'' = 1$; $\tan x = 1,5$ et $\tan x = 1$.

d'où $\qquad\qquad x = 56°18'35'',6$, et $x = 45°$.

Ex. 154.

Rép. $x = 30°$ et $x = 210°$.

Je pose $\qquad\qquad \sin^2 x = y$; $\cos^2 x = 1 - y^2$.

L'équation devient $\quad 3 - 3y^2 + 2y^2 = 2,75$.

$y^2 = 0,25$; $y = \pm 0,5$. $\sin x = 0,5$ donne $x = 30°$ (n° 21). $\sin x = -0,5$ donne $x = 210°$ (n° 17).

Ex. 155.

Rép. $x = 60°$.

$$\cos x = \sin 1/2\, x.$$

x et $1/2\, x$ sont complémentaires.

$$x + 1/2\, x = 3/2\, x = 90°; \quad \text{d'où} \quad x = 60°.$$

Ex. 156.

Rép. $x = 80°12'44'',2$.

$\dfrac{\sin(27° + x)}{\sin x} = 1,2$; d'où $\sin 27° \cos x + \cos 27° \sin x = 1,2 \sin x$.

Cette équation étant homogène par rapport à $\sin x$ et à $\cos x$, je pose $\dfrac{\sin x}{\cos x}$ ou $\tang x = y$; d'où $\sin x = y \cos x$. En substituant je trouve

$$[y\,(1,2 - \cos 27°) - \sin 27°]\cos x = 0,$$

équation qui se divise en deux, $\cos x = 0$, et $y\,(1,2 - \cos 27°) = \sin 27°$. Or, $\cos x = 0$, qui donnerait $\sin x = 1$, ne vérifie pas l'équation proposée. Résolvons donc $y(1,2 - \cos 27°) = \sin 27°$. On en déduit y ou $\tang x = \dfrac{\sin 27°}{1,2 - \cos 27°}$ qu'il faut rendre calculable par logarithmes; pour cela on écrit $1,2 - \cos 27° = 1,2 \cos^2 \varphi$, en posant

$$\frac{\cos 27°}{1,2} = \sin^2 \varphi \ (N° 110, 2°).$$

On a donc à résoudre par logarithmes les deux équations :

$$\sin^2 \varphi = \frac{\cos 27°}{1,2} \text{ et } \tang x = \frac{\sin 27°}{1,2 \cos^2 \varphi};$$

on trouve $\quad \varphi = 75°12'5''$, et $x = 80°12'44'',2.$

Ex. 157.

Rép. $x = 638,295$; $y = 120°34'8'',63.$

$$x \cos y = -324,6219; \quad x \sin y = 549,5827.$$

On déduit de là

$$\tang y = -\frac{549,5827}{324,6219}; \quad \tang (180° - y) = \frac{549,5827}{324,6219}.$$

$$\text{Log } 549,5827 = 2,7400330$$
$$- \log 324,6219 = \bar{3},4886222 \quad \log 324,6219 = 2,5113778$$
$$\log \tang (180° - y) = 0,2286552$$

$$180° - y = 59°25'51'',37; \quad y = 120°34'8'',63$$

y étant trouvé, on a $\log x = \log 549,5827 - \log \sin y$

$$\begin{array}{l} \log 549{,}5827 = 2{,}7400330 \\ -\log \sin y = 0{,}0649883 \\ \hline \log x = 2{,}8050213 \end{array} \quad \Big| \quad \log \sin y = \overline{1}{,}9350116$$

$$x = 638{,}295.$$

Ex. 158.

Rép. $x = 6°57'15'',2.$

$$\frac{1 - \sin x}{1 + \sin x} = 0{,}784; \quad \frac{1 - \sin x}{1 + \sin x} = \frac{2 \sin^2 (45° - 1/2x)}{2 \cos^2 (45° - 1/2x)}$$
$$= \operatorname{tang}^2 (45° - 1/2x) \ (\text{Ex. } 60).$$

$$\operatorname{tang}^2 (45° - 1/2x) = 0{,}784; \quad \log \operatorname{tang} (45° - 1/2x) =$$
$$1/2 \log 0{,}784; \quad \log 0{,}784 = \overline{1}{,}8943160; \quad \log \operatorname{tang}(45° - 1/2x) =$$
$$\overline{1}{,}9471580.$$

$$45° - 1/2x = 41°31'22'',4; \quad 1/2x = 3°28'37'',6; \quad x = 6°57'15'',2.$$

Ex. 159.

$$(1 + e \cos \theta)(1 - e \cos u) = 1 - e^2.$$

On a vu (Ex. 59) que $\operatorname{tang} \dfrac{\theta}{2} = \sqrt{\dfrac{1 - \cos \theta}{1 + \cos \theta}}.$

Cherchons $\qquad 1 - \cos \theta$ et $1 + \cos \theta$

$$e \cos \theta = \frac{1 - e^2}{1 - e \cos u} - 1 = \frac{1 - e^2 - 1 + e \cos u}{1 - e \cos u} = \frac{-e^2 + e \cos u}{1 - e \cos u}$$

$$\cos \theta = \frac{-e + \cos u}{1 - e \cos u}. \quad \text{Par suite } 1 - \cos \theta = 1 - \frac{\cos u - e}{1 - e \cos u}$$

$$= \frac{1 - e \cos u + e - \cos u}{1 - e \cos u} = \frac{(1 - \cos u)(1 + e)}{1 - e \cos u}$$

$$1 + \cos \theta = 1 + \frac{\cos u - e}{1 - e \cos u} = \frac{1 - e \cos u + \cos u - e}{1 - e \cos u}$$

$$= \frac{(1 - e)(1 + \cos u)}{1 - e \cos u}$$

$$\operatorname{tang}^2 \frac{\theta}{2} = \frac{(1 + e)(1 - \cos u)}{(1 - e)(1 + \cos u)} = \frac{1 + e}{1 - e} \operatorname{tang}^2 \frac{u}{2};$$

d'où enfin $\qquad \operatorname{tang} \dfrac{\theta}{2} = \sqrt{\dfrac{1 + e}{1 + e}} \operatorname{tang} \dfrac{u}{2}.$

Recherche de maximums.

Ex. 160.

Rép. $\left(1 + \sqrt{2}\right)$.

Le maximum de $1 + \sin x + \cos x$ a lieu pour la même valeur de x qui rend maximum $\sin x + \cos x$, c'est-à-dire pour $x = 45°$.

(Ex. 73). Ce maximum est $1 + \sqrt{2}$.

Remarque. Pour faciliter la recherche des maximums ou des minimums, on peut retrancher ou ajouter des quantités constantes, multiplier ou diviser par des facteurs constants.

Ex. 161.

Rép. 3,60555.

Maximum de $3 \sin x + 2 \cos x = 3 \left(\sin x + 2/3 \cos x\right)$

$$= \frac{3 \sin x \cos \varphi + \sin \varphi \cos x}{\cos \varphi} = \frac{3 \sin (x + \varphi)}{\cos \varphi}.$$

On pose tang $\varphi = 2/3$. Le maximum a lieu pour $x + \varphi = 90°$.

Ce maximum est $\dfrac{3}{\cos \varphi}$.

$$\varphi = 33°41'24'',2; \quad x = 56°18'35'',8; \quad \text{maxim. } 3,60555.$$

Ex. 162.

Rép. $\left(1 + 1/2\sqrt{2}\right)^2$

$$1 + \sin x + \cos x + \sin x \cos x = (1 + \sin x)(1 + \cos x)$$
$$= [1 + \cos (90° - x)](1 + \cos x) = 4 \cos^2 (45° - 1/2x) \cos^2 1/2x$$
$$= (\cos 45° + \cos (45° - x)^2.$$

Le maximum a lieu quand $45° - x = 0$ ou $x = 45°$. Ce maximum est $(1/2\sqrt{2} + 1)^2$.

Ex. 163.

$$x + y = a; \quad 1° \cos x \cos y = 1/2[\cos (x + y) + \cos (x - y)].$$
$$2° \qquad \sin x \sin y = 1/2[\cos (x - y) - \cos (x + y)]$$
$$3° \text{ tang } x + \text{tang } y = \frac{\sin (x + y)}{\cos x \cos y} = \frac{2 \sin (x + y)}{\cos (x + y) + \cos (x - y)}$$

$\cos(x+y)$ étant une constante, $\cos a$, et $\sin(x+y)$ de même, $\sin a$, le maximum pour 1° et pour 2° a lieu quand $\cos(x-y)=1$

ou
$$x-y=0\,; \quad x=y.$$

Le minimum de 3° a lieu pour $x=y$, parce que son dénominateur est alors le plus grand possible.

Le minimum de 1° ou de 2° a lieu quand $\cos(x-y)=0$ ou $x-y=90°\,; x=90°+y\,;$ le maximum de $\tang x + \tang y$ a lieu de même pour $x-y=90°$.

$$4°\ \ \tang x\ \tang y = \frac{\sin x\ \ \sin y}{\cos x\ \ \cos y} = \frac{\cos(x-y) - \cos(x+y)}{\cos(x-y) + \cos(x+y)}\ \ (\alpha)$$

On ne trouve pas tout de suite la plus grande ou la plus petite valeur; car $x-y$ augmentant ou diminuant, le numérateur et le dénominateur diminuent ensemble ou augmentent ensemble.

$$1 - \frac{\cos(x-y) - \cos(x+y)}{\cos(x-y) + \cos(x+y)} = \frac{2\cos(x+y)}{\cos(x-y) + \cos(x+y)}$$

Le numérateur est ici constant. La fraction est minimum quand $\cos(x-y)$ est le plus grand possible; $\cos(x-y)=1$; $x-y=0$; $x=y$. Mais le minimum de $1-z$ a lieu quand z est maximum; donc l'expression (α) ci-dessus ou $\tang x\ \tang y$ *est la plus grande possible* quand $x=y$. Le minimum a lieu pour $x-y=90°$ ou $x=90°+y$.

Remarque. Nous appelons l'attention du lecteur sur notre artifice de calcul. Nous avons remarqué que $\cos(x-y)$ disparaîtrait si l'on soustrayait le numérateur du dénominateur, ou la fraction de 1.

Ex. 164.

Pour un triangle quelconque $2S = \dfrac{a^2\sin B\ \sin C}{\sin A}$. a et A étant constants, le maximum de S correspond au maximum de $\sin B\ \sin C$. Mais $B+C=180°-A$, quantité constante. On est donc dans le cas de l'*Ex.* précédent (2°). Le maximum de S correspond à $B=C$.

Le plus grand triangle est ISOCÈLE.

Ex. 165.

On donne a et AD $= h$.

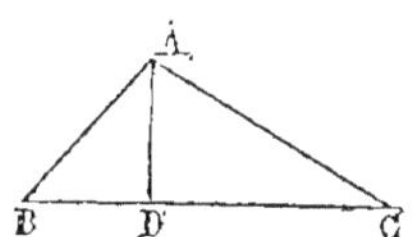

Soient BD $= m$, CD $= n$. On a $m + n = a$ et $m \times n = h^2$. On peut donc calculer m et n, et par suite a. Cela fait, on a l'égalité $h = m$ tang B qui donne B, puis C.

Ex. 166.

On donne $h =$ AD et B.

On calcule C. La résolution du triangle ABD donne AB et BD; celle du triangle ADC donne DC et AC; (BD + DC $= a$).

Ex. 167.

On donne h et $\dfrac{b}{c}$; $\dfrac{b}{c} =$ tang B. On calcule B et on est ramené à l'Exercice précédent 166.

Ex. 168.

On donne $\dfrac{b}{c}$ et S; $\dfrac{b}{c} = m$; $b = mc$; $2S = bc = mc^2$; $c = \sqrt{2S : m}$. On peut calculer c, puis b, puis B à l'aide de tang B $= m$, et enfin $a = b \sin$ B.

Ex. 169.

On donne $\dfrac{b}{c}$ et $a + b + c = 2p$.

$$\frac{b}{c} = m; \quad b = mc; \quad a^2 = b^2 + c^2 = c^2 (1 + m^2)$$

$$2p = c\,[1 + m + \sqrt{1 + m^2}]$$

d'où on peut déduire c, puis b, puis a, et enfin les angles.

Autrement, on calcule B à l'aide de tang B $= m$, puis

$C = 90° — B$. Alors

$$2p = (a + a \sin B + a \cos B) = a(1 + \sin B + \cos B).$$

On trouve a comme dans l'Exercice 110, puis b et c.

Ex. 170.

On donne $\dfrac{b}{c}$ et a ; $\dfrac{b}{c} = \text{tang } B$; on calcule B, puis C, et on est ramené au 1er cas général.

Ex. 171.

Rép. $c = 350,676$.

Soit $AB = c$ et cercle OA la corde et le cercle donnés, OD la distance au centre (faites la figure).

Le triangle rectangle AOD donne

$$1/2\, c = OA \sin AOD = OA \sin 1/2\, AOB ; \quad AO = 542^m,35 ;$$
$$AOB = 37° 43' 28''.$$

On calcule $1/2\, c$ par logarithmes.

Ex. 172.

Rép. $R = 1559,76$.

(*Même figure.*) $OD = AO \cos AOD.$

On connaît OD et $AOD = 1/2\, AOB$. On calcule AO par logarithmes.

Ex. 173.

Rép. Segm. $= 428770^{mq},9$.

(*Même figure.*) Segm. = sect. AOB — triangle AOB.

$$\text{Sect. AOB} = \pi R^2 \times \frac{37° 43' 28''}{360°} = \frac{\pi R^2 \times 135808}{1296000}$$

triangle AOB $= 1/2\, AB \times OD = R \sin AOD \times R \cos AOD.$

On calcule séparément le secteur et le triangle, puis on soustrait

$$\text{sect.} = 800915^{mq}, 4. \quad \text{Tr.} = 372144^{mq}, 5.$$

Ex. 174.

Rép. $r = 42,4682$.

En appliquant les formules (α) et (β) ex. 116 et ex. 118, on a

$$P = \frac{15\,r^2}{2} \sin 24° \text{ et } P' = 15\,r^2 \text{ tang } 12°.$$

D'où
$$P' - P = \frac{15\,r^2}{2} (2\text{tang } 12° - \sin 24°).$$

Soit un instant $12° = a$;

$$2 \text{ tang } a - \sin 2a = 2 \text{ tang } a - 2 \sin a \cos a = 2 \text{ tang } a - 2 \text{ tang } a$$
$$\cos^2 a = 2 \text{ tang } a (1 - \cos^2 a) = 2 \text{ tang } a \sin^2 a.$$

(Nous avons remplacé $\sin a$ par $\text{tang } a \cos a$). Nous avons

donc $P' - P = 15\,r^2 \text{ tang } 12° \sin^2 12° = 248^m$.

On calcule r par logarithmes.

Ex. 175.

Soit SBC le rayon solaire, AB la hauteur de l'homme; son ombre est $AC = 2\,AB$. Faites la figure.

$$AB = AC \text{ tang } C; \text{ tang } C = \frac{AB}{AC} = \frac{1}{2}.$$

$$\log \text{ tang } C = \log 0,5. \quad C = 26°33'54'',2. \text{ (Ex. 86)}$$

2e Cas. $AB = 2\,AC$. Dans ce cas, $\text{tang } C = 2$. On trouve aussi aisément

$$C = 63°26'5'',8.$$

Ex. 176.

Rép. $AB = 69^m,468$.

(*Fig de l'ex. 175.*) AB est la hauteur de la tour. $AC = 108^m$;

$$C = 32°45'; \quad AB = 108^m \times \text{ tang } 32°45'.$$

On calcule AB par logarithmes.

Ex. 177.

On donne un côté, une hauteur et un angle.

1er Cas. Le côté donné est la base, et l'angle donné est opposé. On donne a, A et h. C'est le cas traité n° 120 de l'appendice.

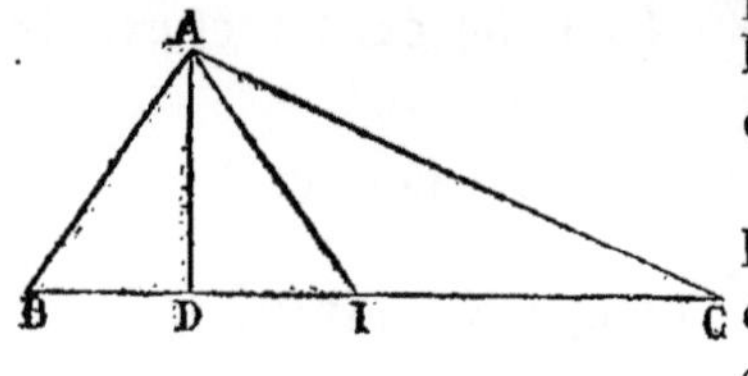

2e Cas. Le côté donné est la base et l'angle donné est adjacent. On donne a, AD et l'angle B.

On calcule AB et BD du triangle ABD. Connaissant BD, on connaît DC $= a$ — BD, et on peut résoudre le triangle ADC pour trouver AC et l'angle C.

3e Cas. Le côté donné n'est pas la base. On donne b, B et AD. On résout le triangle ABD pour trouver c et BD, puis le triangle ADC pour trouver C et CD.

4e Cas. On donne A, AD et AC.

On calcule l'angle C; $\sin C = \dfrac{DA}{AC}$. Connaissant A, C, et b, on est ramené au 1er cas général.

Ex. 178.

On donne une hauteur, la surface et un angle.

Supposons que la base soit a; $2S = ah$; d'où $a = \dfrac{2S}{h}$. On calcule a et on est ramené à l'Exercice précédent.

Ex. 179.

On connaît $a - (b - c) = a + c - b = 2(p - b)$.

Or, $\qquad\qquad r = (p - b) \tang 1/2 \text{ B.}$

On calcule r. D'un autre côté

$a + b - c = 2(p - c)$, et $r = (p - c) \tang 1/2$ C.

On calcule C. Connaissant a, B et C, on est ramené au 1er cas général.

4.

Ex. 180.

$$\frac{b}{c} = m; \; b = mc.$$

$$a^2 = b^2 + c^2 - 2bc \cos A = c^2 (1 + m^2 - 2m \cos A).$$

Mais $1 + m^2 - 2m \cos A = (1 + m)^2 - 2m (1 + \cos A) =$
$$(1 + m)^2 - 4m \cos^2 1/2\, A.$$

On pose $\dfrac{4m \cos^2 1/2\, A}{(1 + m)^2} = \sin^2\varphi$; d'où $(1+m)^2 - 4m \cos^2 1/2 A$

$= (1 + m)^2 \cos^2\varphi$; d'où enfin $c^2 = \dfrac{a^2}{(1 + m)^2 \cos^2\varphi}.$

Il n'y a plus qu'à appliquer les logarithmes.

Ex. 181.

On donne b, c et la bissectrice AP.

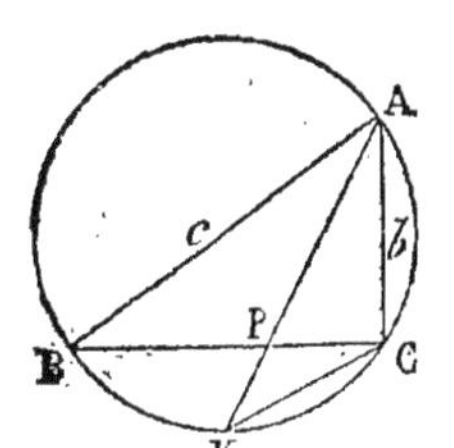

Les triangles ABP, AKC sont semblables (l'angle BAP = KAC, et B = K). On en déduit

$$\frac{AB}{AP} = \frac{AK}{AC} \text{ ou } \frac{c}{AP} = \frac{AK}{b}; \text{d'où} AK = \frac{b \times c}{AP}$$

AK est donc connu; on connaît PK = AK — AP;

$$\frac{BP}{PC} = \frac{c}{b} \text{ et } BP \times PC = AP \times PK;$$

on peut donc calculer aisément BP et PC, dont la somme est a. Connaissant a, b, c, on peut trouver les angles.

Ex. 182.

On donne a, A et la médiane AI $= m$. (*Fig. de l'Ex.* 177.)

$$b^2 + c^2 = 1/2\, a^2 + 2m^2.$$

On connaît donc $b^2 + c^2$.

$$a^2 = b^2 + c^2 - 2b \times c \cos A = 1/2\, a^2 + 2m^2 - 2bc \cos A.$$

D'où
$$2bc = \frac{2m^2 - 1/2\,a^2}{\cos A},$$

qu'on rend facilement calculable par logarithmes.

Connaissant $2bc$, et $b^2 + c^2$, on trouve aisément $b + c$ et $b - c$, puis b et c. Puis on calcule B et C.
$$(b + c)^2 = (b^2 + c^2 + 2bc), \text{ et } (b - c)^2 = b^2 + c^2 - 2bc.$$

Ex. 183.

$$a^2 = b^2 + c^2 - 2bc \cos A, \text{ et } b^2 + c^2 = 1/2\,a^2 + 2m^2.$$

On en déduit
$$\cos A = \frac{2m^2 - 1/2\,a^2}{2bc}.$$

Le numérateur étant constant, le *maximum* de A ou le *minimum* de $\cos A$ a lieu quand $2bc$ est le plus grand possible. Or $(b - c)^2 = b^2 + c^2 - 2bc$; $(b - c)^2$ ne pouvant être négatif, $2bc$ ne peut surpasser $b^2 + c^2$; sa plus grande valeur est $b^2 + c^2$. Mais quand $2bc = b^2 + c^2$, $(b - c)^2 = 0$; $b = c$. L'angle A est donc le plus grand possible quand les côtés inconnus sont égaux.

$$b = c \,; \cos A = \frac{2m^2 - 1/2a^2}{2b^2} = \frac{2m^2 - 1/2a^2}{2m^2 + 1/2a^2} = \frac{4m^2 - a^2}{4m^2 + a^2}.$$

Ex. 184.

Soient a, b, c, et h les côtés et la hauteur, et q la raison de la progression. $b = aq$; $c = aq^2$; $h = aq^3$. $2S = ah = a^2q^3$. D'un autre côté $2S = bc \sin A = a^2q^3 \sin A$.

Donc $\quad a^2q^3 = a^2q^3 \sin A$; $\sin A = 1$, et $A = 90°$;

le triangle est donc rectangle en A.

Mais alors $\quad b = aq = a \sin B$; donc $q = \sin B$.

De même $\quad c = aq^2 = a \cos B$; donc $q^2 = \cos B$;

$$\cos B = \sin^2 B \text{ ou } \cos B = 1 - \cos^2 B.$$

Par suite $\cos^2 B + \cos B - 1 = 0$; $\cos B = \dfrac{-1 \pm \sqrt{1 + 4}}{2}$;

nous prendrons $\cos B = \dfrac{-1 + \sqrt{5}}{2}$, en laissant de côté la racine négative qui ne convient pas.

Nous avons vu (Ex. 14) que $\sin 18° = \dfrac{-1 + \sqrt{5}}{4}$,

donc $\qquad\qquad\qquad \cos B = 2 \sin 18°.$

On calculera aisément B, puis C. Connaissant a et B, on est ramené au 1er cas général.

$$(C = 38° 10' 21'',6 \; ; \; B = 51° 49' 38'',4).$$

Ex. 185.

Soit ABC le triangle et VE une transversale l qui, rencontrant AB et AC, divise ABC en deux parties équivalentes. Posons

$$AV = x \quad \text{et} \quad AE = y.$$

Pour ABC, $2S = bc \sin A$; pour AVE, $2S' = xy \sin A$. Mais $AVE = 1/2\,ABC$; donc $xy = 1/2\,bc$; $2xy = bc.$

D'un autre côté $l^2 = x^2 + y^2 - 2xy \cos A$. On en conclut :

$$l^2 = x^2 + y^2 + 2xy - 2xy\,(1 + \cos A) = (x+y)^2 - 2bc \cos^2 1/2\,A.$$

Le minimum de l correspond au minimum de $x+y$; or xy étant constant, la somme $x+y$ est la plus petite possible quand $x = y$ (V. l'algèbre).

$$x \text{ étant égal à } y, \; xy = x^2 = 1/2\,bc \; ; \; y = x = \sqrt{1/2\,bc}$$
$$l^2 = 1/2\,bc + 1/2\,bc - bc \cos A = bc\,(1 + \cos A) = 2bc \sin^2 1/2\,A.$$

Telle est la plus petite valeur du carré de la transversale qui rencontre b et c (opposée à A).

Si la transversale que j'appellerai alors l' rencontrait a et c, la plus petite valeur serait $l'^2 = 2ac \sin^2 1/2\,B$; si elle rencontrait a et b, on aurait $l''^2 = 2ab \sin^2 1/2\,C$. De ces trois transversales l, l', l'', quelle est la plus petite ? Pour le savoir, nous remplacerons bc par

$$\frac{2S}{\sin A} = \frac{2S}{2\sin 1/2\,A\cos 1/2\,A}\,; \text{d'où } l^2 = \frac{4S\sin 1/2\,A}{\cos 1/2\,A} = 4S\tan g\,1/2\,A.$$

De même $\quad l'^2 = 4S\tan g\,1/2\,B$, et $l''^2 = 4S\tan g\,1/2\,C$.

La plus petite tangente appartient au plus petit angle. La transversale la plus petite traverse donc les côtés du plus petit angle du triangle. Soit A cet angle; le minimum de l est $\sin 1/2\,A\,\sqrt{2bc}$.

Ex. 186.

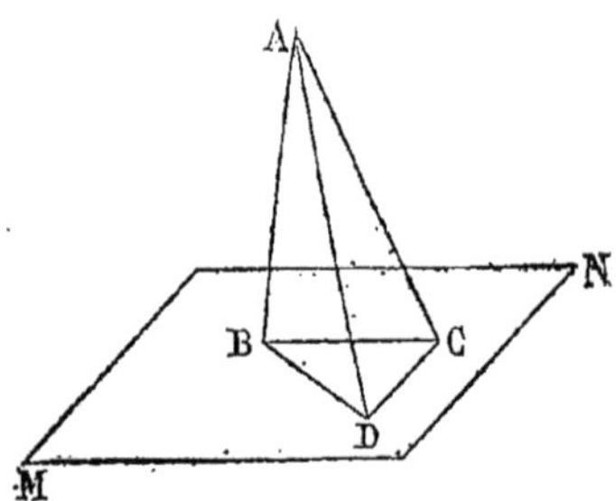

Soit MN un plan horizontal quelconque qui rencontre la verticale en B, AD et AC en D et en C. Je mène BD, BC et DC; BD et BC sont les projections horizontales de AD et de AC, et DBC est l'angle DAC réduit à l'horizon; il faut calculer DBC connaissant DAB, CAD et DAC. On suppose AB qui est quelconque égal à 1. La résolution du triangle rectangle BAD donne AD et DB; celle du triangle ABC donne AC et BC. Connaissant dans le triangle ADC, les côtés AD, AC et l'angle DAC, on calcule DC. Enfin on calcule l'angle DBC connaissant les trois côtés BD, BC et DC du triangle BDC.

Ex. 187.

On applique la formule du n° 116 ; zone $= 4\pi R^2 \sin^2 1/2\,a$.
$1/2\,a = 53°39'54'',2$; $R = 876^m,24$. *Rép.* Zone $= 6261227^{mq}$.

Ex. 188.

On applique la formule du n° 117 : zone $= 4\pi R^2 \sin 1/2\,a$
$\sin (b + 1/2\,a)$.
$b = 76°47'42''$; $1/2\,a = 23°39'43'',9$. $R = 564$; zone $= 1577650^{mq}$.

Ex. 189.

V. n° 118. On applique la formule qui termine ce n°.
Zone $= 4\pi R^2 \sin 1/2\, a$.

$1/2\, a = 28°9'15'',5$; $R = 564$. Zone $= 1886223^{mq}$.

Ex. 190.

Une zone est à la surface de sa sphère comme sa hauteur

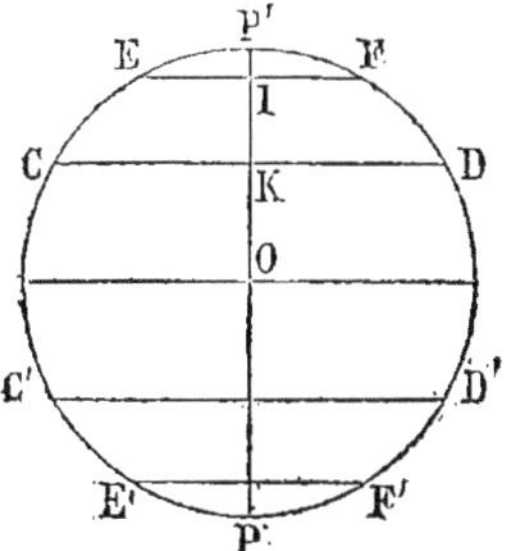

est au diamètre de sa sphère. Nous avons vu n° 116 que la hauteur d'une zone à une base a pour expression $2R \sin^2 1/2\, a$. La zone glaciale est donc une fraction de la surface terrestre égale à $\dfrac{2R \sin^2 1/2\, a}{2R}$ $= \sin^2 1/2\, a$; $a = 23°27'30''$.

$2°$ *Zone tempérée*. Le rapport est $\dfrac{2R \sin 1/2\, a \sin (b + 1/2a)}{2R} =$
$\sin 1/2\, a \sin (b + 1/2\, a)$ (n° 117); $a = 90° - 2$ fois $23°27'30'' = 90°$
$- 46°55' = 43°5'$ et $b = 23°27'30''$; $1/2\, a = 21°32'30''$; $b + 1/2a$
$= 45°$.

$3°$ *Zone torride*. Elle est partagée en deux par l'équateur. C'est la plus grande zone décrite par l'arc de $46°55'$. La corde de l'arc est parallèle à l'axe; la hauteur de la zone est $2R \sin 1/2\, a$. Le rapport de cette hauteur à $2R$ est $\sin 1/2\, a =$ $\sin 23°27'30''$.

Les rapports demandés sont pour une zone glaciale 0,041325 et pour les deux zones 0,082650; pour une zone tempérée 0,259634 et pour les deux zones 0,519268; pour la zone torride 0,398082.

En additionnant 2 zones glaciales $+ 2$ zones tempérées $+$ la zone torride, on doit retrouver la surface de la terre représentée par 1. Cette somme est bien 1; la vérification est complète.

Ex. 191.

On a, d'après la formule du n° 116, $4\pi R^2 \sin^2 1/2\, a = 4/5\pi R^2$, d'où $\sin^2 1/2\, a = 1/5 = 0,2$. On applique les logarithmes.

Rép. $a = 53°7'48'',2$.

Ex. 192.

Soit A le point d'où l'on observe; on mène les tangentes AD, AE, puis les droites AO, OD et OE.

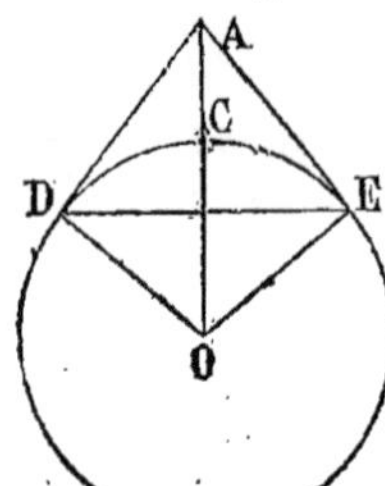

L'arc générateur de la zone est DC qui mesure l'angle AOD du triangle rectangle OAD. Il faut calculer l'angle AOD; $R = (R + 120) \cos AOD$. Log cos $AOD = \log R - \log (R + 120)$. On cherche le rayon de la terre $R = \dfrac{20000000^m}{\pi}$; puis $\log R$ et $\log (R + 120)$.

On trouve ainsi $AOD = 21'$; arc $DC = 21'$.

Il n'y a plus qu'à appliquer la formule du n° 116.

Zone $= 4751260000^{mq}$, avec l'approximation que peuvent donner les tables quand il s'agit d'arcs si petits et de nombres si grands.

Ex. 193.

Les marins sont à la plus grande distance demandée quand le rayon visuel, allant de l'un,

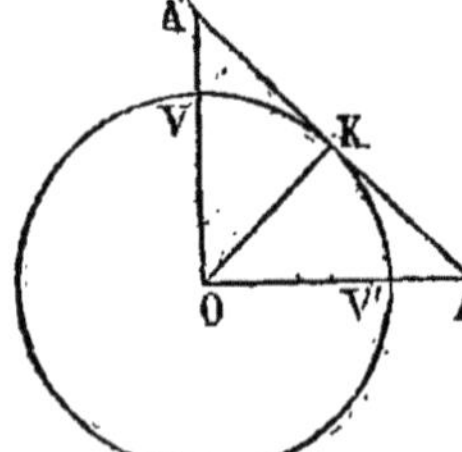

A,, à l'autre, A', rase la surface de la mer, quand ils ont la position indiquée sur notre figure. En effet, supposons-les placés ainsi, et imaginons qu'ils s'éloignent à partir de là; il est évident qu'ils ne s'apercevront plus. Imaginons qu'ils se rapprochent; ils s'apercevront évidemment. La distance qui les sépare est à *vol d'oiseau* la droite AKA' composée de $AK = \sqrt{(2R + h) \times h}$ et de $A'K = \sqrt{(2R + h') \times h'}$. *La distance mesurée sur la surface de la mer*, qui est la véritable distance demandée, est l'arc VKV' composé de VK et de KV'. On trouve la graduation de VK comme nous avons trouvé celle de DC dans l'exercice précédent par l'égalité R $=$ (R $+h$) cos AOK ; soit $n°$. On cherche ensuite sa longueur par comparaison avec la circonférence (360°) qui est longue de 40000000 mètres.

On trouve la graduation, puis la longueur de V'K de la même manière en remplaçant h par h' ; puis on ajoute VK et V'K.

Si les marins étaient placés à la même hauteur h au-dessous de la mer, il n'y aurait qu'un calcul à faire ; on chercherait AK ou VK et on doublerait.

Ex. 194.

Résolvons le problème général. Soient a la génératrice du cône, α l'angle de a avec l'axe, H la hauteur, et R le rayon de la base. (Faites une fig. ou voy. la fig. de l'Ex. 203.)

La surface convexe est $\pi R \times a$, et le volume $= 1/3 \pi R^2 H$.

Mais $\qquad R = a \sin \alpha$ et $H = a \cos \alpha$; $\qquad$ donc

$$\text{surface} = \pi a^2 \sin \alpha \text{ et vol} = 1/3\, \pi a^3 \sin^2 \alpha \cos \alpha. \quad (n)$$

Il n'y a qu'à appliquer les logarithmes, en prenant $a = 428$ et $\alpha = 48° 19' 43''$.

$$surface = 429873^{mq}, \qquad \text{volume} = 30456900^{mc}.$$

Ex. 195.

Nous venons d'établir ces formules générales (Ex. 194, égalités (n)).

Ex. 196.

Quand on ouvre la surface conique, tous les points de la circonférence de la base, restant à la même distance du sommet, se placent sur un arc de cercle ayant pour rayon la génératrice du cône ; la surface conique développée est devenue un secteur circulaire. L'arc du secteur, qui a pour rayon la génératrice a, est égal en longueur à la circonférence de la base qui a pour rayon R. Soit n le nombre de degrés de l'arc du secteur; la longueur de cet arc est $\dfrac{2\pi a \times n}{360}$; la longueur de la circonférence est $2\pi R$. On a donc $\dfrac{2\pi a \times n}{360} = 2R$ d'où

$$n = \frac{360 \times R}{a} = \frac{360 \times a \sin\alpha}{a} = 360 \sin\alpha.$$ Dans notre exemple $\alpha = 48°19'43''$; on trouve $n° = 268°54'33'',1$.

Ex. 197.

L'inégalité à démontrer est $\dfrac{\sin a}{a} > \dfrac{\sin(a+b)}{a+b}$, ou $a \sin a + b \sin a > a \sin a \cos b + a \sin b \cos a$.

Divisons par $\cos a$; il vient

$$a \tang a + b \tang a > a \tang a \cos b + a \sin b. \quad (m)$$

Or $a \tang a$ est plus grand $a \tang a \cos b$, puisque $\cos b < 1$. En second lieu, b étant plus grand que $\sin b$ et $\tang a > a$, $b \tang a$ est plus grand que $a \sin b$. On a donc bien $a \tang a + b \tang a > a \tang a \cos b + a \sin b$.

L'inégalité (m) et par suite les précédentes qui en résultent sont donc vraies.

Ex. 198.

L'inégalité à démontrer est $\dfrac{\tang a}{a} < \dfrac{\tang(a+b)}{a+b}$, autrement $\dfrac{a+b}{a} < \dfrac{\tang(a+b)}{\tang a}$.

Je retranche 1 de chaque membre de la dernière inégalité et je réduis au même dénominateur.

$$\frac{(a+b)-a}{a} < \frac{\tang(a+b)-\tang a}{\tang a}. \quad (m)$$

On sait que $\tang(a+b) - \tang a = \dfrac{\sin[(a+b)-a]}{\cos(a+b)\cos a}$ (T. 29)

$= \dfrac{\sin b}{\cos a \cos(a+b)}$. Je remplace dans (m), et j'ai

5

$$\frac{b}{a} < \frac{\sin b}{\cos (a + b) \cos a \, \mathrm{tang}\, a} \quad \text{ou} \quad \frac{b}{a} < \frac{\sin b}{\sin a \cos (a + b)};$$

ce qui revient à $\dfrac{\sin a \cos (a + b)}{a} < \dfrac{\sin b}{b}.$ $\qquad (n)$

On peut supposer que b est le plus petit des deux arcs; car l'accroissement peut être supposé progressif et continu. Or b étant $< a$, nous savons (Ex. 197) que

$$\frac{\sin b}{b} > \frac{\sin a}{a}; \quad \text{à fortiori} \quad \frac{\sin b}{b} > \frac{\sin a \cos (a + b)}{a}.$$

La dernière inégalité (n) et par suite toutes les précédentes qui en résultent sont donc vraies.

Ex. 199.

D'après l'Ex. 116, les aires des polygones réguliers inscrits de n et de $n + 1$ côtés sont respectivement $1/2 \ n\mathrm{R}^2 \sin \dfrac{2\pi}{n}$, et $1/2(n + 1) \, \mathrm{R}^2 \sin \dfrac{2\pi}{n + 1}.$

Nous pouvons laisser de côté les facteurs communs; il suffit de démontrer l'inégalité $(n + 1) \sin \dfrac{2\pi}{n + 1} > n \sin \dfrac{2\pi}{n}.$

Mais $(n + 1) \sin \dfrac{2\pi}{n + 1} = \sin \dfrac{2\pi}{n + 1} : \dfrac{1}{n + 1}$, et $n \sin \dfrac{2\pi}{n} = \sin \dfrac{2\pi}{n} : \dfrac{1}{n}$; notre inégalité peut donc s'écrire ainsi :

$$\sin \frac{2\pi}{n + 1} : \frac{1}{n + 1} > \sin \frac{2\pi}{n} : \frac{1}{n}.$$

Elle équivaut à celle-ci :

$$\sin \frac{2\pi}{n + 1} : \frac{2\pi}{n + 1} > \sin \frac{2\pi}{n} : \frac{2\pi}{n}.$$

Cette dernière inégalité est vraie puisqu'elle exprime que le rapport d'un arc au sinus est plus grand quand l'arc est plus petit; ce qui a été prouvé dans l'Ex. 197.

Ex. 200.

D'après l'Ex. 118, les aires des polygones réguliers circonscrits de n et de $n+1$ côtés sont respectivement

$$nR^2 \tan \frac{\pi}{n} \quad \text{et} \quad (n+1)R^2 \tan \frac{\pi}{n+1}.$$

Il faut démontrer l'inégalité $(n+1) \tan \dfrac{\pi}{n+1} < n \tan \dfrac{\pi}{n}$,

qui revient à celle-ci : $\tan \dfrac{\pi}{n+1} : \dfrac{1}{n+1} < \tan \dfrac{\pi}{n} : \dfrac{1}{n}$.

(V. l'Ex. 196), ou bien encore à celle-ci : $\tan \dfrac{\pi}{n+1} : \dfrac{\pi}{n+1}$

$< \tan \dfrac{\pi}{n} : \dfrac{\pi}{n}.$

Cette dernière est vraie, puisqu'elle exprime que le rapport d'un arc à sa tangente est plus petit quand l'arc est plus petit; ce qui a été démontré dans l'Ex. 198.

Ex. 201.

$$a = 1/2\, n R^2 \sin \frac{2\pi}{n} \,; \quad a' = 1/2 \left(2nR^2 \sin \frac{2\pi}{2n} \right);$$

$$a'' = 1/2 \left(4nR^2 \sin \frac{2\pi}{4n} \right).$$

Posons pour simplifier $\dfrac{2\pi}{4n} = \alpha$; $\dfrac{2\pi}{2n} = 2\alpha$; $\dfrac{2\pi}{n} = 4\alpha$.

En supprimant le facteur commun $1/2\,nR^2$, on trouve :

$$\frac{a'' - a'}{a' - a} = \frac{4 \sin \alpha - 2 \sin 2\alpha}{2 \sin 2\alpha - \sin 4\alpha} = \frac{4 \sin \alpha - 4 \sin \alpha \cos \alpha}{2 \sin 2\alpha - 2 \sin 2\alpha \cos 2\alpha} =$$

$$\frac{4 \sin \alpha (1 - \cos \alpha)}{2 \sin 2\alpha (1 - \cos 2\alpha)} = \frac{4 \sin \alpha (1 - \cos \alpha)}{4 \sin \alpha \cos \alpha (1 - \cos 2\alpha)} =$$

$$\frac{1 - \cos \alpha}{\cos \alpha (1 - \cos 2\alpha)} = \frac{2 \sin^2 1/2\,\alpha}{2 \cos \alpha \sin^2 \alpha} = \frac{\sin^2 1/2\,\alpha}{4 \cos \alpha \sin^2 1/2\,\alpha \cos^2 1/2\,\alpha} =$$

$$\frac{1}{4 \cos \alpha \cos^2 1/2\,\alpha}.$$

Mais $\alpha = \dfrac{2\pi}{n}$; quand $n = \infty$, $\alpha = 0$; $\cos\alpha = 1$; $\cos\frac{1}{2}\alpha = 1$.
La limite cherchée est donc 1/4.

Ex. 202.

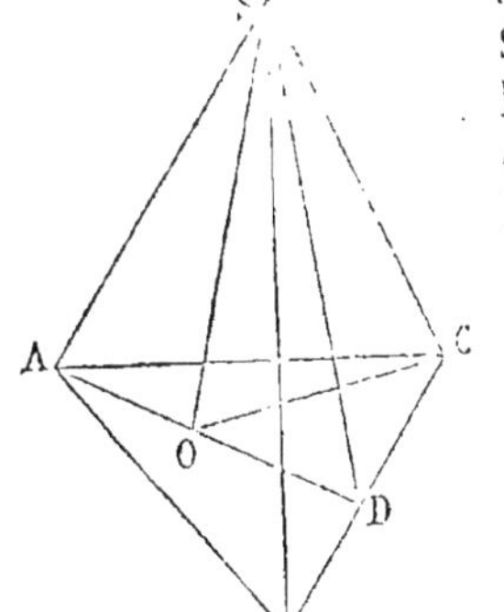

Soit O le centre de la base; SO est la hauteur. Abaissons OD pendiculaire à BC et joignons SD. On sait que SD est perpendiculaire à BC; l'angle SDO mesure l'angle dièdre. Soit SDO $= \alpha$ et SC $=$ AC $= a$. Le triangle SDO donne OD $=$ SD $\cos\alpha$;

d'où $\cos\alpha = \dfrac{\text{OD}}{\text{SD}}$.

Mais OD $= 1/3$ AD $= 1/3$ AC $\cos$ DAC $= 1/3$ AC $\cos 30°$; car l'angle du triangle équilatéral est égal à 60°. Le triangle rectangle SDC donne

$$\text{SD} = \text{SC}\cos\text{DSC} = \text{SC}\cos 30°.$$

On a donc $\cos\alpha = \dfrac{1/3\ \text{AC}\cos 30°}{\text{SC}\cos 30°} = \dfrac{1}{3}$, puisque AC $=$ SC.

$$\text{Log}\cos\alpha = -\log 3 = \overline{1},522\ 8788$$

$(\log 3 = 0,4771212)$

$\alpha = 70°31'43'',5$

Ex. 203.

Soient OC $= r$ le rayon de la sphère, DB $=$ R et DSB $= \alpha$.
Vol. cône $= 1/3 \pi R^2 \times$ SD.
Surf. cône $= \pi R \times$ SB.

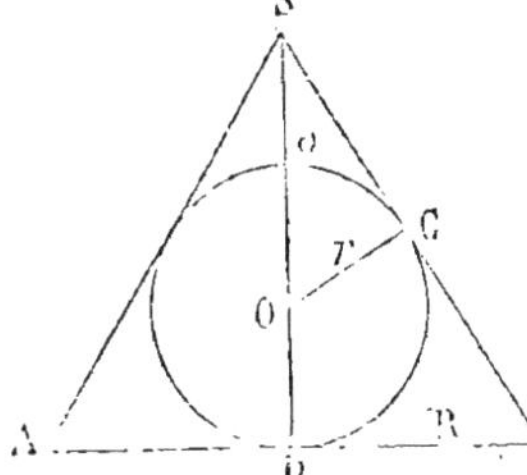

Le triangle SOC donne OC $=$ SO $\sin\alpha$, ou $r = (\text{SD} - r)\sin\alpha =$ SD $\sin\alpha - r\sin\alpha$;

d'où $$\text{SD} = \dfrac{r(1 + \sin\alpha)}{\sin\alpha}.$$

Le triangle SDB donne DB ou R $=$ SD tang $\alpha =$ SB sin α.

Donc R $= \dfrac{r(1 + \sin \alpha)}{\sin \alpha} \times \dfrac{\sin \alpha}{\cos \alpha} = \dfrac{r(1 + \sin \alpha)}{\cos \alpha}$, et SB $= \dfrac{R}{\sin \alpha}$.

Par suite

$$\text{vol.} = \frac{\pi r^3 \times (1 + \sin \alpha)^3}{3 \sin \alpha \cos^2 \alpha} \quad \text{et} \quad \text{surf.} = \frac{\pi r^2 (1 + \sin \alpha)^2}{\sin \alpha \cos^2 \alpha}.$$

$\text{Cos}^2 \alpha = (1 - \sin^2 \alpha) = (1 + \sin \alpha)(1 - \sin \alpha)$; on en conclut :

$$\text{vol.} = \frac{\pi r^3 \times (1 + \sin \alpha)^2}{3 \sin \alpha (1 - \sin \alpha)} \quad \text{et surf.} = \frac{\pi r^2 (1 + \sin \alpha)}{\sin \alpha (1 - \sin \alpha)}.$$

Ces expressions peuvent être aisément rendues calcula-
bles par logarithmes, puisque

$$1 + \sin \alpha = 1 + \cos(90° - \alpha) = 2 \cos^2 (45° - 1/2 \,\alpha);$$

de même $\qquad 1 - \sin \alpha = 2 \sin^2 (45° - 1/2 \,\alpha).$ $\qquad$ (Ex. 60).
Il n'y a plus qu'à remplacer α et r par leurs valeurs don-
nées, puis à faire les calculs par logarithmes.
$\qquad$ Vol. $= 332240000^{\text{mc}}$ $\qquad$ surf. convexe $= 3237097^{\text{mq}}.$

Ex. **204.** $\qquad$ (*même fig.*)

Nous avons trouvé (Ex. 203)

$$\text{vol.} = \frac{1}{3} \pi r^3 \times \frac{(1 + \sin \alpha)^2}{\sin \alpha (1 - \sin \alpha)}. \quad (n)$$

On voit d'abord qu'il n'y a pas de maximum; car $\sin \alpha = 0$
ou $\alpha = 0$, ainsi que $\alpha = 90°$ ou $\sin \alpha = 1$ donne vol. $= \infty$,
ce que la figure met en évidence. Pour trouver le minimum,
posons $\sin \alpha = z$ et la partie variable $\dfrac{(1 + z)^2}{z(1 - z)} = m$.

$1 + z^2 + 2z = mz - mz^2$; d'où $(1 + m)z^2 + (2 - m)z + 1 = 0$;

d'où $\qquad z = \dfrac{m - 2 \pm \sqrt{(m - 2)^2 - 4(1 + m)}}{2(1 + m)}$;

$(m - 2)^2 - 4 - 4m = m^2 - 4m + 4 - 4 - 4m = m^2 - 8m.$

On doit avoir $m(m - 8) > 0$ ou au moins égal à 0.

m ne peut pas être négatif; on doit donc avoir $m > 8$ ou
au moins $m = 8$; le minimum de $m = 8$.

Mais alors le radical est nul; z ou $\sin \alpha = \dfrac{m-2}{2(m+1)} =$

$\dfrac{8-2}{2(8+1)} = \dfrac{6}{18} = 1/3.$

L'angle au sommet du cône minimum est donc arc sin 1/3.

$$\text{Log } \sin \alpha = - \log 3.$$

On trouve aisément $\alpha = 19°28'16'',5.$ (Ex. 202.)

En remplaçant $\sin \alpha$ par 1/3 dans l'expression (n) du volume, on trouve que le vol. minimum $= 8/3 \pi r^3$. Dans ce cas $SD = 4r$.

Remarque importante. Nous signalons à l'attention du lecteur le moyen que nous venons d'employer pour obtenir le maximum ou le minimum de l'expression trigonométrique $\dfrac{1 + \sin \alpha}{\sin \alpha (1 \sin \alpha)}$. En posant $\sin \alpha = z$, nous avons rendu notre expression simplement algébrique et diminué notablement la difficulté de la question proposée. Quand $\sin \alpha = z$, $\cos \alpha = \sqrt{1 - z^2}$. Ce moyen peut souvent être employé. Voy. plus loin l'exercice 206.

Ex. 205.   (*même fig.*)

En raisonnant comme dans l'exercice 204, on trouve surface convexe $= \pi R . SB = \dfrac{\pi R^2}{\sin \alpha}$, et $R = \dfrac{r(1 + \sin \alpha)}{\cos \alpha}$. De cette dernière égalité on déduit

$$R^2 = \frac{r^2(1 + \sin \alpha)^2}{\cos^2 \alpha} = \frac{r^2(1 + \sin \alpha)}{1 - \sin \alpha},$$

en remplaçant $\cos^2 \alpha$ par $1 - \sin^2 \alpha = (1 + \sin \alpha)(1 - \sin \alpha)$; puis $R^2 - R^2 \sin \alpha = r^2 + r^2 \sin \alpha$; d'où $R^2 = (R^2 + r^2) \sin \alpha$.

et enfin, $$\sin \alpha = \frac{R^2 - r^2}{R^2 + r^2}.$$

Donc enfin $$\text{surface conv.} = \pi R^2 \times \frac{R^2 + r^2}{R^2 - r^2}.$$

Ex. 206. (*même fig.*)

On détermine d'abord l'expression de la surface.

$$\text{Surface} = \frac{\pi r^2 (1+\sin \alpha)}{\sin\alpha(1-\sin\alpha)} \; ; \text{ ou surface} = \pi \frac{R^2 (R^2 + r^2)}{R^2 - r^2}.$$

On voit d'abord qu'il n'y a pas de maximum. La surface devient infinie pour $\sin \alpha = 0$ ou $R = r$, et pour $\sin \alpha = 1$ ou $R = \infty$.

Pour trouver le minimum, posons $R^2 = y$, puis

$$\frac{R^2 (R^2 + r^2)}{R^2 - r^2} \text{ ou } \frac{y (y + r^2)}{y - r^2} = m \qquad (\text{K})$$

$$y^2 + r^2 y = my - mr^2 \; ; \; y^2 + (r^2 - m) y + mr^2 = 0.$$

$$y = \frac{m - r^2 \pm \sqrt{(m - r^2)^2 - 4mr^2}}{2}. \text{ Pour trouver le minimum}$$

de m, posons $(m - r^2)^2 - 4mr^2 = 0$; $m^2 - 6mr^2 + r^4 = 0$;

d'où $m = 3r^2 \pm \sqrt{9r^4 - r^4} = 3r^2 \pm r^2 \sqrt{8} = r^2 (3 \pm \sqrt{8}).$

Soient m' et m'' ces deux valeurs de m ; on a

$$(m - r^2)^2 - 4mr^2 = (m - m') (m - m'').$$

Pour que les valeurs de y soient réelles, les valeurs de m doivent être plus petites que m'' ou plus grandes que m'. Elles ne peuvent être plus petites que $m'' = r^2 (3 - \sqrt{8})$; car cette valeur est plus petite que r^2 ; or d'après la figure, y ou R^2 est plus grand que r^2, et d'après l'équation (K), m est plus grand que y. La plus petite valeur possible de m est donc $r^2 (3 + \sqrt{8}).$

Dans ce cas, surf. conv. $= \pi r^2 (3 + \sqrt{8})$,

$$\text{et } y = \frac{m - r^2}{2} = r^2 \frac{(2 + 2 \sqrt{2})}{2} = r^2 (1 + \sqrt{2}).$$

Autre manière. Si l'on voulait appliquer l'autre formule, on poserait $\sin \alpha = z$, et $\dfrac{1 + z}{z (1 - z)} = m.$

$$1 + z = mz - mz^2 \; ; \text{ d'où } mz^2 + (1 - m) z + 1 = 0,$$

$$z = \frac{m - 1 \pm \sqrt{(m - 1)^2 - 4m}}{2m}.$$

On pose ensuite

$(m-1)^2-4m=0$ ou $m^2-6m+1=0$; $m=3\pm\sqrt{8}$.

On ne peut pas prendre $m=3-\sqrt{8}<1$; car alors $z=\dfrac{m-1}{2m}$ serait négatif ; or $z=\sin\alpha$ et $\alpha<90°$.

On ne peut prendre que $m=3+\sqrt{8}$ ou plus grand que $3+\sqrt{8}$;
Le minimum est $m=3+\sqrt{8}$, alors z

$$\text{ou } \sin\alpha=\frac{m-1}{2m}=\frac{2+2\sqrt{2}}{6+4\sqrt{2}}=\frac{1+\sqrt{2}}{3+2\sqrt{2}}=(1+\sqrt{2})(3-2\sqrt{2})=\sqrt{2}-1$$

Ce qui fait connaître l'angle au sommet du cône de plus petite surface. Cet angle est $24°28'11'',1$. ($\sin\alpha=\sqrt{2}-1$ $=0,414213$).

Ex. 207.

Rép. : $x=465^{\mathrm{m}},947$.

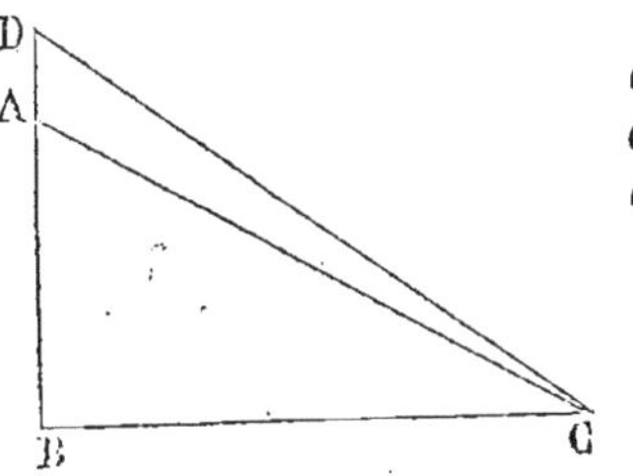

Soient AB et AD les hauteurs de la montagne et de la tour ; la distance horizontale en question est BC.

Posons

$$AB=h \; ; \quad BD=h' \; ; \quad BC=x \; ;$$
$$ACB=\alpha \text{ et } DCB=\beta.$$

On a d'abord $h=x\,\tan g\,\alpha$ et $h'=x\,\tan g\,\beta$; d'où on déduit $\tan g\,\alpha$ et $\tan g\,\beta$.

$$\text{Tang DCA}=\tan g\,(\beta-\alpha)=\frac{\tan g\,\beta-\tan g\,\alpha}{1+\tan g\,\beta\,\tan g\,\alpha}=\frac{\dfrac{h'}{x}-\dfrac{h}{x}}{1+\dfrac{hh'}{x^2}}=\frac{h'x-hx}{x^2+hh'}.$$

Il faut trouver la valeur de x qui rend cette valeur maximum. On pose donc

$$\frac{(h'-h)\,x}{x^2+hh'}=m, \quad \text{d'où } mx^2+mhh'-(h'-h)\,x=0 \; ;$$

$$\text{d'où} \qquad x=\frac{h'-h\pm\sqrt{(h'-h)^2-4m^2hh'}}{2m}.$$

Pour que la valeur de x soit réelle, il faut que $4m^2\,hh'$ soit au plus égal à $(h-h')^2$; au maximum $m^2 = \dfrac{(h'-h)^2}{4hh'}$.

Quand m^2 ou $\operatorname{tg}^2(\beta - \alpha)$ a cette valeur, $x = h' - h : \dfrac{2(h'-h)}{2\sqrt{hh'}} = \sqrt{hh'}$. Ainsi donc la réponse à notre question est

$$x = \sqrt{459 \times (459 + 24)}.$$

La distance cherchée est à peu près égale à la hauteur de la montagne.

Ex. 208.

$$(1)\quad a^2 = b^2 + c^2 - 2bc\cos A$$
$$(2)\quad b^2 = a^2 + c^2 - 2ac\cos B$$
$$(3)\quad c^2 = a^2 + b^2 - 2ab\cos C.$$

Additionnons les égalités (1) et (2); nous aurons

$$a^2 + b^2 = b^2 + a^2 + 2c^2 - 2bc\cos A - 2ac\cos B,$$

qui devient après des simplifications évidentes,

$$c = b\cos A + a\cos B. \qquad (4)$$

En additionnant (1) et (3), on trouve de même

$$b = c\cos A + a\cos C. \qquad (5)$$

Puis en additionnant (2) et (3):

$$a = c\cos B + b\cos C. \qquad (6)$$

Substituons dans (4) la valeur (5) de b; nous aurons

$$c = c\cos^2 A + a(\cos A \cos C + \cos B). \qquad (7)$$

Mais $B = 180° - (A + C)$ donne

$$\cos B = -\cos(A + C) = \sin A \sin C - \cos A \cos C;$$

En remplaçant $\cos B$ par cette valeur dans (7), on trouve

$$c(1 - \cos^2 A) \text{ ou } c\sin^2 A = a\sin A \sin C, \text{ ou } c\sin A = a\sin C;$$

d'où $\qquad \dfrac{c}{a} = \dfrac{\sin C}{\sin A}.$

En mettant la valeur (6) de a dans (4), on trouve de même:

5.

$\dfrac{b}{c} = \dfrac{\sin C}{\sin B}$. Enfin, en remplaçant c par sa valeur (4) dans l'égalité (5), on trouve de même $\dfrac{b}{a} = \dfrac{\sin B}{\sin A}$.

Ex. 209.

$\dfrac{a}{\sin A} = \dfrac{b}{\sin B} = \dfrac{c}{\sin C}$ revient à $\dfrac{a\cos B}{\sin A\cos B} = \dfrac{b\cos A}{\sin B\cos A} = \dfrac{c}{\sin C}$, d'où on déduit $\dfrac{a\cos B + b\cos A}{\sin A\cos B + \sin B\cos A} = \dfrac{c}{\sin C}$.

Mais $\quad \sin C = \sin(A + B) = \sin A\cos B + \sin B\cos A$;

donc $\qquad c = a\cos B + b\cos A \ (1).$

Ou trouve de même $b = a\cos C + c\cos A$ (2), et $a = c\cos B + b\cos C$ (3). Je multiplie (1), par c, (2) par b, et (3) par a. Puis j'ajoute les deux premières égalités, et de la somme je retranche la dernière, il vient après réduction

$$c^2 + b^2 - a^2 = 2bc\cos A \ ;$$

d'où $\qquad a^2 = b^2 + c^2 - 2bc\cos A.$

En faisant autrement l'addition et la soustraction,
on trouve $b^2 = a^2 + c^2 - 2ac\cos B$ et $c^2 = a^2 + b^2 - 2ab\cos C$

Ex. 210.

$$\sin 2B = \dfrac{\sin 4C}{4\cos^2 C - 2} = \dfrac{2\sin 2C\cos 2C}{2(2\cos^2 C - 1)} = \dfrac{2\sin 2C\cos 2C}{2\cos 2C},$$

ou $\quad \sin 2B = \sin 2C.$ Par suite $2B = 2C$ et $B = C,$

ou $\quad 2B = 180° - 2C$; $B = 90 - C$; $B + C = 90°.$

Le triangle ABC est donc isocèle ou rectangle.

Ex. 211.

$\dfrac{\tan B}{\tan C} = \dfrac{\sin^2 B}{\sin^2 C}$ revient à $\dfrac{\sin B\cos C}{\cos B\sin C} = \dfrac{\sin^2 B}{\sin^2 C}$;

d'où $$\sin C \cos C = \sin B \cos B ;$$

$$2 \sin C \cos C = 2 \sin B \cos B ; \quad \sin 2C = \sin 2B ;$$

d'où $$2C = 2B \text{ et } B = C ;$$

ou $$2C = 180° - 2B ; \quad C = 90° - B ; \quad B + C = 90°.$$

Le triangle ABC est donc isocèle ou rectangle.

Ex. 212.

1° $\dfrac{a^2}{4} = S = \dfrac{a^2 \sin B \sin C}{2 \sin A} ;$ d'où $\sin A = 2 \sin B \sin C.$

$$\sin A = \sin (B + C) = \sin B \cos C + \sin C \cos B = 2 \sin B \sin C ;$$

d'où $\sin C (\cos B - \sin B) = \sin B (\sin C - \cos C)$ (*).

$$\frac{\sin B}{\sin C} = \frac{\cos B - \sin B}{\sin C - \cos C} ; \qquad (m)$$

2° $\qquad 1 + \tang (45° + B) = \dfrac{2 \cos C}{\sin C - \cos C} ;$

or $1 + \text{tg} (45° + B) = \text{tg} 45° + \text{tg} (45° + B) = \dfrac{\sin (90° + B)}{\cos 45° \cos (45° + B)}$ (f. 29)

$$= \frac{2 \sin (90° - B)}{2 \cos 45° \cos (45° + B)} = \frac{2 \cos B}{\cos (90° + B) + \cos B} = \frac{2 \cos B}{\cos B - \sin B}$$

(nous avons appliqué la form. 27 renversée); d'ailleurs, $90° + B$ est le suplément de $90° - B$ (**).

On a donc

$$\frac{2 \cos B}{\cos B - \sin B} = \frac{2 \cos C}{\sin C - \cos C} \text{ ou } \frac{\cos B}{\cos C} = \frac{\cos B - \sin B}{\sin C - \cos C}.$$

En comparant à l'égalité (m) ci-dessus, on conclut :

$$\frac{\sin B}{\sin C} = \frac{\cos B}{\cos C} ; \quad \text{d'où} \quad \frac{\sin B}{\cos B} = \frac{\sin C}{\cos C} ; \quad \tang B = \tang C, \quad B = C.$$

(*) On remplace $2 \sin B \sin C$ par $\sin B \sin C + \sin B \sin C$.
(**) Par suite, $\sin 90° + B = \sin (90° - B) = \cos B ; \quad \cos (90° + B) = - \cos (90° - B) = - \sin B.$

Mais si $B = C$, l'égalité (m) donne

$$\cos B - \sin B = \sin B - \cos B; \quad 2\cos B = 2\sin B;$$
$$\cos B = \sin B; \quad \text{d'où } B = 90° - B; \quad \text{ou } B = 45° \text{ et } C = 45°.$$

Le triangle ABC est donc isocèle et rectangle.

On satisfait aussi à $\dfrac{\sin B}{\sin C} = \dfrac{\cos B}{\cos C}$ en prenant $\sin B = \cos B$ et $\sin C = \cos C$ ou $B = 45°$ et $C = 45°$; ce qui conduit au même résultat.

SOLUTION DES NOUVELLES QUESTIONS

PROPOSÉES DANS LA CINQUIÈME ÉDITION

DE LA TRIGONOMÉTRIE DE A. GUILMIN

Ex. 1 (N).

Rép. 57° 50′ 23″ 9/17 ; 32° 9′ 36″ 8/17.

Le 1er angle étant x, le 2e est $7/10x — 8° 19′ 40″$. Leur somme $x + (7/10x — 8° 11′ 40″) = 90°$; d'où $17/10x = 98° 19′ 40″$; puis $x = 98° 19′ 40″ \times 10 : 17$.

$$
\begin{array}{l|l}
98° 19′ 40″ & \\
10 & \\
\hline
983° 16′ 40″ & 17 \\
133 & \overline{} \\
14 & 57° 50′ 23″ 9/17 \\
60 & 32° 9′ 36″ 8/17 \\
\hline
856′ & \\
06 & \\
60 & \\
\hline
400″ & \\
60 & \\
9 & \\
\end{array}
$$

Je multiplie par 10 les ″, puis les ′, puis les ° (de droite à gauche). Ayant trouvé d'abord 400″, j'écris 0″, et je dis en 40 diz. de ″ il y a 6 fois 6 diz. de ″ ou 6′, et 4 diz. de ″ de reste. J'écris ces 4 diz. à gauche du 0, et je retiens les 6′ pour les ajouter au produit des ′ :   10 fois 9, 90. et 6,96 ; j'écris 6′ et je retiens 9. 10 fois 1,10, et 9,19. En 19 diz. de ′ il y a 3 fois 6 diz. de ′ ou 3° et 1 diz. de reste ; j'écris 1 à gauche de 6′, et je retiens les 3° pour les ajouter au produit des °. 10 fois 98 font 980, et 3, 983.

Division. Quand on arrive au reste 14°, on le convertit en multipliant par 60, et on ajoute les 16′ du dividende.

On ajoute ces 16′ en faisant la multiplication ainsi : on dit 0 et 6′, 6′; j'écris 6′; puis 6 fois 4,24, et 1,25; j'écris 5 et je retiens 2; 6 fois 1,6, et 2,8; j'écris 8. On opère de même quand on convertit plus loin le reste 6′ en ″.

Nous sommes entrés dans ces détails parce que ces premières questions ont précisément pour objet d'exercer les élèves sur les calculs de nombres complexes, qu'il faut leur apprendre à effectuer le plus simplement possible.

Ex. 2 (N).

RÉP. $46°23'30''$; $55°40'13''$; $77°56'17''$.

La somme des nombres proportionnels : $2,5 + 3 + 4,2 = 9,7$; la somme à partager, $180°$. Les 3 angles demandés sont donc $180° \times 2,5 : 9,7$; $180° \times 3 : 9,7$ et $180° \times 4,2 : 9,7$.

On effectue les opérations indiquées, et on trouve les angles indiqués ci-dessus. Chaque division s'effectue comme il est expliqué Ex. 1 (N).

Ex. 3 (N).

RÉP. $81°17'4'',5$; $87°5'41'',5$; $92°54'18'',5$; $98°42'55'',5$.

Désignons la raison *donnée par r*, et les angles demandés par $x - r$, x, $x + r$ et $x + 2r$. Leur somme $4x + 2r = 360°$; par suite, $2x + r = 180°$ et $2x = 180° - r = 180° - 5°48'37'' = 174°11'23''$, et enfin $x = 87°5'41'',5$. x et r étant connus, on trouve aisément les valeurs de $x - r$, x, $x + r$ et $x + 2r$ indiquées ci-dessus.

Ex. 4 (N).

RÉP. $67°49'52''$; $88°41'55'',2$; $109°33'58'',4$; $130°26'1'',6$; $151°18'4'',8$; $172°10'8''$.

On donne le 1ᵉʳ terme a, le nombre des termes 6, et la somme des termes 8 angles droits, ou $90° \times 8 = 720°$; il suffit de trouver la raison r. La somme des termes $(2a + 5r) \times 6 : 2 = 720$; d'où $2a + 5r = 720° : 3 = 240°$.

D'où $5r = 240° - 2a = 240° - (67°49'52'' \times 2) = 240° - 135°39'44'' = 104°20'16''$. $r = 20°52'3'',2$. Connaissant a et r, on trouve aisément les six termes de la progression indiqués dans la réponse.

Ex. 5 (N).

FORMULES : $G = D \times 10/9$ (1). $D = G \times 0,9$ (2).
$90° = 100^g$.   D'où $1° = 100/90^g = 10/9^g$. Par suite, $D° = 10/9^g \times$
$D = (D \times 10/9)^g$. Mais nous appelons G le nombre de grades
égal à $D°$, donc $G = D \times 10/9$; d'où $D = 9G : 10 = G \times 0,9$.
C. Q. F. D.

APPLICATIONS : 1° *Convertir* 47° *en grades.* $47° = 10/9^g \times$
$47 = 470/9^g$.

$$\begin{array}{r|l} 470 & 9 \\ 20 & \overline{52^g\,22'22''} \\ 2 & \end{array}$$

Le grade se subdivisant en parties dé-
cimales, on fait la division ordinaire de
470 par 9, en évaluant le quotient jus-
qu'à la 4ᵉ décimale. La partie décimale est ici périodique.

2° *Convertir* 47° 41' *en grades.*

On convertit d'abord en ' de °.

$$\begin{array}{r|l} 2861 & 54 \\ 161 & \overline{52^g\,98''15''} \\ 530 & \\ 440 & \\ 80 & \\ 260 & \end{array}$$

$47° 41 = 2861' = 2861/60$ de $1° = 10/9^g$
$\times 2861/60 = 2861/54^{gr}$.   On effectue la
division ci-contre, jusqu'à la 4ᵉ décimale du quotient. On sait que ces 4 dé-
cimales expriment des ' et des '' centé-
simales.

3° *Convertir* 69° 19' 43'' *en grades.* On convertit d'abord
en '' de °.

$$\begin{array}{r|l} 249583 & 3240 \\ 22783 & \overline{77^g\,03'17''} \\ 10300 & \\ 5800 & \\ 25600 & \\ 2920 & \end{array}$$

$69° 19' 43'' = 4159' 43'' = 249583''.$
Mais $1° = 3600''$;   donc $69° 19' 43'' =$
$249583/3600$ dc $1° = 10/9^g \times 294583/3600$
$= (294583 : 360 \times 9)^g = 294583/3240^g.$
On effectue la division ci-contre.

4° *Convertir* 76^g 29' 48'' *en* °, ' *et* ''.

$$\begin{array}{r} 76,2948 \\ 0,9 \\ \hline 68°,66532 \\ 60 \\ \hline 39,91920 \\ 60 \\ \hline 55'',15200 \end{array}$$

$76^g 29' 48'' = 76^g,2948 = 0°,9 \times 76,2948$
(Form. (2)) $= 68°,66532$.   Mais $0°,66532 =$
$60' \times 0,66532 = 39',91920$,   et $0',91920 =$
$60'' \times 0,91920 = 55'',15200$. Par suite $76^g 29'$
$48'' = 68° 39' 55'',15.$

En résumé on opère comme il suit : *On multiplie le n de grades par 0,9 ; la partie entière du produit est le n de degrés cherché. On multiplie la partie décimale par 60 ; la partie entière de ce 2ᶜ produit est le n de '. On multiplie la nouvelle partie décimale par 60 ; la partie entière de ce 3ᶜ produit est le n des ".*

Nous avons appliqué les formules (1) et (2) dans tous les cas possibles, pour faire connaître au lecteur la marche la plus simple à suivre dans chacun de ces cas, et aussi pour n'avoir plus à expliquer ces conversions dans les exercices suivants.

Ex. 6 (N).

Nous convertirons seulement ici en grades les angles *donnés* dans ces divers exercices. Quant aux angles *demandés*, on les trouvera convertis en grades dans les réponses de l'Ex. 9 (N).

Ex. 1 (N). $8° 19' 40'' = 9ᵍ 15' 30''$.

Ex. 2 (N). $180° = 200ᵍ$.

Ex. 3 (N). $5° 48' 37'' = 6ᵍ 45' 58''$.

Ex. 4 (N). $67° 49' 52'' = 75ᵍ 36' 79''$.

Toutes ces conversions s'effectuent comme il a été indiqué Ex 5 (N), application 3°.

Ex. 7 (N).

Rép. Ce rapport est $100/54 = 50/27$ pour les minutes, et $1000/324$ pour les secondes. (ˢ) signifie minute sexagésimale, (ᶜ) signifie minute centésimale.

$90° = 100ᵍ$; $(90 \times 60)'^s = (100 \times 100)'^c$ ou $5400'^s = 10000'^c$. D'où $1'^s = 10000/5400$ ou $100/54'^c$. L'angle de n'^s vaut donc $(100/54 \times n)'^c$. Autrement dit l'angle de n'^s vaut l'angle de n'^c multiplié par $100/54$. Le rapport demandé de la $'^s$ à la $'^c$ est donc $100/54 = 50/27$. On déduit aisément de là un mode de conversion.

On a de même $(90 \times 60 \times 60)''^s = (100 \times 100 \times 100)''^c$; d'où on déduit aisément $n''^s = 1000/324\, n''^c$; le 2ᶜ rapport demandé est donc $1000/324$.

Ex. 8 (N).

RÉP. A $= 78°\,43'\,45''$; B $= 67°\,44'\,5''$; C $= 33°\,32'\,10''$.
On convertit comme il a été expliqué Ex. 5 (N) 4°.

Ex. 9 (N).

Ex. 1 (N). $8°\,19'\,40'' = 9^g\,25'\,30$; $17/10x = 109^g\,2530$ $x = 109^g,2530 \times 10 : 17 = 64^g,26'64$; $100^g - x = 35^g\,73'\,26''$.

Ex. 2 (N). On remplace 180° par 200^g et on résout la question de la même manière A $= 200^g \times 2,5 : 9,7 = 52^g\,54'\,64''$. On trouve de même B $= 200^g \times 3 : 9,7 = 61^g\,85'\,57''$ et C $= 200^g \times 4,2 : 9,7 = 86^g\,59'\,79''$.

Ex. 3 (N). $5°\,48'\,37'' = 6^g\,45'\,59''$. On raisonne comme dans l'Ex. 3 (N), en remplaçant 360° par 400^g.

$4a + 2r = 400^g$; $2a + r = 200^g$; $2a = 200^g - r = 200^g - 6^g\,45'\,59'' = 193^g\,54'\,41''$; $a = 96^g\,77'\,20'',5$.

Par suite, les quatre angles : $a - r$, a, $a+r$, $a+2r$, sont $90^g\,31'\,61'',5$; $96^g\,77'\,20'',5$; $103^g\,22'\,79'',5$; $109^g\,68'\,38'',5$.

Ex. 4 (N). $67°\,49'\,52'' = 75^g\,36'\,79''$.

$(2a + 5r) \times 6 : 2 = 800^g$; $2a + 5r = 800^g : 3 = 266^g\,66'\,67''$; $5r = 266^g\,66'\,67'' - 150^g\,73'\,58'' = 115^g\,93'\,9''$. $r = 23^g\,18'\,61'',8$.

On calcule aisément $a+r$, $a+2r$,..., $a+5r$. Les 6 angles sont à 1″ près : $75^g\,36'\,79''$; $98^g\,55'\,41''$; $121^g\,74'\,2''$; $144^g\,92'\,64''$; $168^g\,11'\,26''$; $191^g\,29'\,88''$.

Ex. 10 (N).

1° *En grades.*	2° *En degrés.*
$17°\,24'\,36'' = 19^g\,34'\,44''$	On convertit en degrés les valeurs trouvées ci-contre.
A + B + C $= 200^g$	
A + B $=$ 124 48 85	C $= 67°\,57'\,37''$
Je soustr.; C $=$ 75 51 15	A $= 85°\,22'\,13''$
A — C $=$ 19 34 44 (*)	B $= 26°\,40'\,10''$
J'addit.; A $=$ 94 85 59 (*)	Vérific. A — C $= 17°\,24'\,36''$
Je soustr. A de A + B, et je trouve B $= 29^g\,63'\,26''$ (*)	

Ex. 11 (N).

Rép. En grades : 44ᵍ 24′,78 ; 55ᵍ 75′,22.
En degrés : 39° 49′ 23″ ; 50° 10′ 37″.

Soient x et y les valeurs en grades ; x' et y' id. en degrés. $x + y = 100^g$; d'ailleurs $x' = {}^5/_7\, y$, et d'après la form. 2, Ex. 5 (N), $x' = 0,9x$; donc $0,9x = {}^5/_7\, y$; $6,3x = 5y$, $y = 1,26x$; $x + y = x + 1,26x = 100^g$; $x = 100^g : 2,26 = 44^g\, 24'\, 78''$; $y = 100^g - x = 55^g\, 75'\, 22''$. Nous avons converti ces valeurs en degrés.

Ex. 12 (N).

Rép. L'octogone et le dodécagone.
Soient n et ${}^3/_2 n$ les nombres de côtés cherchés.

L'angle du 1ᵉʳ polyg. vaut $1^{dr} \times \dfrac{2n - 4}{n}$; id. du 2ᵉ, $\dfrac{(3n - 4)^{dr}}{{}^3/_2\, n} = \dfrac{(6n - 8)^{dr}}{3n}$. La 1ʳᵉ valeur en grades $= \dfrac{(2n - 4) \times 100}{n}$; la 2ᵉ en degrés $= \dfrac{(6n - 8) \times 90}{3n}$. Ces deux valeurs sont égales :

$$\frac{(2n - 4)100}{n} = \frac{(6n - 8)90}{3n} ;$$

d'où $(6n - 12)\,10 = (6n - 8)9$; $60n - 120 = 54n - 72$; $6n = 120 - 72 = 48$; $n = 8$; ${}^3/_2 n = 12$.

Ex. 13 (N).

Soient x et y les n. de min. centés. des deux parties cherchées : $x + y = 4500$ (1). D'après l'énoncé, le 1ᵉʳ arc de $x^{\text{min. c.}}$ vaut $y^{\text{min. s.}}$; mais d'après l'Ex. 7 (N.), $y^{\text{min. s.}} = {}^{50}/_{27}\, y^{\text{min. c.}}$; donc $x = {}^{50}/_{27}\, y$. Je remplace x par cette valeur dans l'équation (1), et j'ai ${}^{50}/_{27}\, y + y = 4500$; d'où $77y = 4500 \times 27 = 121500$; $y = 121500 : 77 = 15^g\, 77'\, 92''$; $x = 29^g\, 22'\, 8''$.

Ex. 14 (N).

Rép. 1° 6ᵐ,36 ; 2° 7ᵐ,43.
67° 28′ 49″ $= 242929''$; 180° $= 648000'' = \pi \times 5,4$.

$1'' = \pi \times 5,4 : 648000$; $242929'' = \dfrac{\pi \times 5,4 \times 242929''}{648000} =$

$\pi \times 24{,}2929 : 12$. Or $3{,}1416 : 12 = 0{,}2618$. L'arc cherché vaut donc $24^m{,}2929 \times 0{,}2618 = 6^m{,}35988$, ou simplement $6^m{,}36$.

$87^g 59'84'' = 87^g{,}5984$; $200^g = \pi \times 5{,}4$; $1^g = \pi . 5{,}4 : 200 = \pi \times 0{,}027$; $87^g{,}5984 = \pi \times 0{,}027 \times 87{,}5984 = 7^m{,}43$.

Ex. 15 (N).

Rép. $91°6'1'',15$; $101^g 22'26''$.

Soit x le n. de degrés cherchés.

Le rayon étant 1, la demi-circ. ou $180° = \pi$; $1° = \pi : 180$, et $x° = \pi \times x : 180$. Cet arc de $x° = 1{,}59$; donc $x \times \pi : 180 = 1{,}59$; $\quad x = 1{,}59 \times 180 \times \dfrac{1}{\pi} = 268{,}2 \times 0{,}31831 = 91°{,}1100322$.

Je convertis en °, en ′ et en ″. $x° = 91°6'1'',15$. Je convertis ce n. de degrés en grades, et je trouve $101^g 22'26''$.

Ex. 16 (N).

Soit $x°$ l'arc demandé; $180° = \pi R = \pi \times 3{,}6$; $1° = \pi \times 3{,}6 : 180 = \pi : 50$; $x° = \pi \times x : 50 = 5^m{,}48$; d'où $x = \left(5{,}48 \times 50 \times \dfrac{1}{\pi} \right) = \left(274 \times \dfrac{1}{\pi} \right) = 87°{,}21694$.

Je convertis la partie décimale en ′ et ″ et je trouve $x° = 87°13'1''$. D'ailleurs $87°{,}21694 = (87{,}21694 \times {}^{10}/_9)^g = 96^g 90'77''$.

Ex. 17 (N).

Soit $x°$ le n. de degrés cherché.

$180° = \pi R$; $1° = \pi R : 180$; $x° = \pi \times R \times x : 180 = R$; d'où $x = 180 : \pi$ ou $180 \times \dfrac{1}{\pi} = 180° \times 0{,}31831 = 57°{,}29580 = 57°17'44'',88 = 63^g 36'62''$.

L'égalité $x = 180 : \pi$ montre que le n. de degrés demandé est indépendant du rayon.

Ex. 18 (N).

Mesurer avec l'arc égal au rayon ou avec le rayon lui-même pris pour unité, c'est la même chose. Quand $R = 1$, $180° = \pi$, et $90° = {}^1/_2 \pi = 3{,}1416 : 2 = 1{,}5708$.

$$107°18'47'' = 386327''; \quad 1'' = \pi : 648000;$$
$$386327'' = \pi \times 386327 : 648000 = 1,873.$$

$$200^g = \pi; \quad 105^g,1885 = \pi \times 105,1885 : 200 = \pi \times 0,5259425 = 1^m,6523.$$

Ex. 19 (N).

Rép. 103°7'56'',78 ; 115^g 59'16.

Soit x le n. de degrés cherchés. Comme dans l'Ex. 16 (N.)
$$\frac{x \times \pi \times 1,5}{180} = 2,7; \text{ ou } \frac{x \times \pi}{120} = 2,7; \quad x = 324 \times \frac{1}{\pi} = 324 \times$$
$0,31831 = 103,132144$. Je convertis la partie décimale en ' et
'' ; $x° = 103°7'56'',78$. En grades $= {}^{10}/_9{}^g(103,132144) = 114^g 59'16''$.

Ex. 20 (N).

Rép. 6°.

Le nombre de degrés de l'angle proposé est $(33,33\,33) \times$
$0,9 = 30°$ à $0,0001$ près. L'angle de 30° valant 5, l'angle qui
vaut 1 est 30° : 5 = 6°.

Ex. 21 (N).

L'arc demandé est la moitié de celui qui a pour corde $\sqrt{2}$,
côté du carré inscrit, c'est-à-dire la moitié de l'arc de 90°.
L'arc demandé est donc 45°.

Ex. 22 (N).

1° $\sqrt{2}$ étant le côté du carré inscrit, on porte sur le rayon
OA une longueur OK égale à ce côté ; puis on décrit un arc
de cercle de O comme centre avec le rayon OK à la rencontre de la tang. en I. On trace OI qui rencontre la circ. en
F. L'arc AF répond à la question.

2° $\sqrt{3}$ étant le côté du triangle équilatéral inscrit, on porte
sur le rayon OA une longueur OL égale à ce côté, et on
trace un arc de cercle avec le rayon OL à la rencontre de
la tangente négative en I' ; puis on trace OI' qui rencontre
la circ. en F'. L'arc AF' répond à la question.

Ex. 23 (N).

$\sqrt{5} = \sqrt{2^2 + 1}$. On construit un triangle rectangle ayant pour côtés de l'angle droit le rayon et le double du rayon; l'hypoténuse $= \sqrt{2^2 + 1} = \sqrt{5}$. Puis on se sert de la moitié de cette hypoténuse comme cosécante pour trouver l'arc demandé, comme on s'est servi de la ligne égale à 2,8, Ex. 9.

Ex. 24 (N).

ARCS.	SINUS.	COS.	TANG.	COT.	SEC.	COSEC.
30°	$\frac{1}{2}$	$\frac{1}{2}\sqrt{3}$	$\frac{1}{3}\sqrt{3}$	$\sqrt{3}$	$\frac{2}{3}\sqrt{3}$	2
60°	$\frac{1}{2}\sqrt{3}$	$\frac{1}{2}$	$\sqrt{3}$	$\frac{1}{3}\sqrt{3}$	2	$\frac{2}{3}\sqrt{3}$
120°	$\frac{1}{2}\sqrt{3}$	$-\frac{1}{2}$	$-\sqrt{3}$	$-\frac{1}{3}\sqrt{3}$	-2	$\frac{2}{3}\sqrt{3}$
45°	$\frac{1}{2}\sqrt{2}$	$\frac{1}{2}\sqrt{2}$	1	1	$\sqrt{2}$	$\sqrt{2}$
135°	$\frac{1}{2}\sqrt{2}$	$-\frac{1}{2}\sqrt{2}$	-1	-1	$-\sqrt{2}$	$\sqrt{2}$

60° est le complément de 30°, 120° le supplément de 60°, et 135° le supplément de 45°.

Ex. 25 (N).

Rép. $a = 90°$.   Posons $\cos a = x$; $\sin^2 a = 1 - x^2$. L'équation devient $1 - x^2 + 2x = 1$; d'où $2x - x^2 = 0$; $x(2 - x) = 0$.

Il y a deux racines $x = 0$; $x = 2$. $\cos a = 0$ donne $a = 90°$. Le cosinus ne peut être égal à 2; $x = 2$ ne convient pas; c'est une solution de l'équation étrangère à la question proposée.

Ex. 26 (N).

Rép. 30°.   Coséc $a = 4 \sin a$, ou $1 : \sin a = 4 \sin a$; d'où $1 = 4 \sin^2 a$; $\sin^2 a = \frac{1}{4}$; $\sin a = \pm \frac{1}{2}$.   Sin $a = \frac{1}{2}$ donne

$a = 30°$; $-\frac{1}{2}$ est le sinus d'un arc plus grand que 180° (180° + 30° ou 210°).

Ex. 27 (N).

Rép. $a = 75°$; $b = 45°$. $\operatorname{Sin}(a-b) = \frac{1}{2}$; $\cos(a+b) = -\frac{1}{2}$. D'après le tableau de l'Ex. 24 (N.), $a - b = 30°$ et $a + b = 150°$. Par suite $2a = 150°$, $a = 75°$; $2b = 90°$; $b = 45°$.

Ex. 28 (N).

ERRATA. *Mettez 3 au lieu de 4 dans l'énoncé.*
Rép. $a = 60°$.   Posons $\cos a = x$; $2x^2 + 5x - 3 = 0$;

$$x = \frac{-5 \pm \sqrt{25 + 24}}{4} = \frac{-5 \pm 7}{4}; \qquad x' = \frac{-5 + 7}{4} = \frac{2}{4} = \frac{1}{2}.$$

$\operatorname{Cos} a = \frac{1}{2}$; $a = 60°$.   La 2e valeur de x. ou $\cos a$ plus grande que 1 en valeur absolue ne donne pas de solution.

Ex. 29 (N).

Posons $\sin a = x$; $\cos a = y$.   On a $xy = 0,3$ et $x^2 + y^2 = 1$. $(x + y)^2 = 1 + 0,6 = 1,6$; $(x - y)^2 = 1 - 0,6 = 0,4$; $x + y = \sqrt{1,6} = 1,265$ à 0,001 près; $x - y = \sqrt{0,40} = 6,632$, *id.*; $2x = 1,897$; $x = 0,9485$; $2y = 0,633$; $y = 0,3165$.

Rép. $\operatorname{Sin} a = 0,9485$; $\cos a = 0,3165$. $\operatorname{Tang} a = 2,997$; $\operatorname{cota} = 0,333$; $\sec a = 3,159$; $\operatorname{coséc} a = 1,054$.

Ex. 30 (N).

$2 \sin a + 3 \cos a = 1,15$. Posons $\sin a = x$; $\cos a = y$.   On a $2x + 3y = 1,15$ (1)   et $x^2 + y^2 = 1$ (2). La 1re donne

$$x = \frac{1,15 - 3y}{2}; \qquad \text{puis} \qquad x^2 = \frac{(1,15)^2 - 6,90y + 9y^2}{4}.$$

En remplaçant x^2 dans l'équation (2), puis chassant le dénominateur, on trouve : $13y^2 - 6,90y = 4 - (1,15)^2$, ou $13y^2 - 6,90y = 2,6775$.   Cette équation résolue donne $y' = 0,79$ et $y'' = -0,26$.   On conclut de là

$$x' = 1/2\,(1,15 - 3 \times 0,79) = -0,61;$$

$$x'' = 1/2\,(1,15 + 0,26 \times 3) = 0,965$$

Rép. $\sin a = -0,61$ et $\cos a = 0,79$ donnent $\operatorname{tg} a = -0,77$; $\cot a = -1,295$; $\sec a = 1,26$; $\cos a = -1,64$.

$\sin a = 0,965$; $\cos a = -0,26$ donnent $\operatorname{tg} a = -3,71$; $\cot a = -0,27$; $\sec a = -3,846$; $\operatorname{cosec} a = 1,036$.

Ex. 31 (N).

$$\cos^2 a = 2/3 \sin a. \qquad \text{Posons} \qquad \sin a = x.$$
$$1 - x^2 = 2/3\,x; \quad x^2 + 2/3\,x = 1 \quad x = 1/3\,(-1 \pm \sqrt{10}).$$

La racine négative plus grande que 1 en valeur absolue est étrangère à la question.

La racine positive $x' = 1/3\,(3,162 - 1) = 0,72$.

Rép. $\sin a = 0,72$ donne $\cos^2 a = 0,48$; $\cos a = \pm 0,69$.

$$\operatorname{tang} a = \pm 1,043; \quad \cot a = \pm 0,958; \quad \sec a = \pm 1,45;$$
$$\operatorname{coséc} a = 1,388.$$

Ex. 32 (N).

$$\cos^3 a + \sin^3 a = 0. \qquad \text{Posons } \sin a = x;\ \cos a = y,$$

Nous avons $\quad x^3 + y^3 = 0, \quad x^2 + y^2 = 1$, et
$$x^3 + y^3 = (x+y)\,(x^2 + y^2 - xy).$$

D'où on conclut : $\quad (x+y)\,(1 - xy) = 0$

Cette équat. se divise en deux, $x+y = 0$ et $1 - xy = 0$. La 1re donne $x = -y$; $\sin a = -\cos a$; $\sin^2 a = \cos^2 a = 1/2$; $\sin a = 1/2\sqrt{2}$; $\cos a = -1/2\sqrt{2}$. $\quad a = 135°$.

$xy = 1$ et $x^2 + y^2 = 1$ donneraient $(x^2 + y^2 - 2xy)$ ou $(x-y)^2 = -1$; ce qui est impossible. $\quad a = 135°$ est donc la seule solution de la question proposée, à moins qu'on n'adopte $\sin a = -1/2\sqrt{2}$ et $\cos a = 1/2\sqrt{2}$; ce qui donnerait $a > 180°$; $\quad a = 360° - 45° = 315°$.

Ex. 33 (N).

ERRATA. *Remplacez dans l'énoncé* cos a *par* cot a.

$3 \operatorname{tang} a + 5 \cot a = 8,5$. Posons $\operatorname{tang} a = x$.

$$3x + \frac{5}{x} = 8,5; \quad 3x^2 - 8,5x + 5 = 0;$$

$$x = 1/3\left(4,25 \pm \sqrt{(4,25)^2 - 15}\right) = 1/3(4,25 \pm 1,75); \quad x' = 2; \quad x'' = 5/6.$$

Rép. D'après les n°s 22 et 20,

tang $a = 2$, donne cos $a = 0,446$; sin $a = 0,892$;

séc $a = 2,236$; cot $a = 1/2$; coséc $a = 1,118$.

tang $a = 5/6$, donne cos $a = 0,768$; sin $a = 0,640$;

séc $a = 1,301$; cot $a = 6/5 = 1,2$; coséc $a = 1,561$.

Ex. 34 (N).

ERRATA. *Remplacez dans l'énoncé tang² a par tang a.*

2 tang $a - 13$ cot $a = 7,3$. Posons tg $a = x$;

$$2x - \frac{13}{x} = 7,3; \quad 2x^2 - 7,3x = 13;$$

$$x = 1/4\left(7,3 \pm \sqrt{(7,3)^2 + 104}\right) = 1/4(7,3 \pm 12,62);$$
$$x' = 4,98; \quad x'' = -1,33.$$

Rép. D'après les n°s 22 et 20,

tang $a = 4,98$ donne cos $a = 0,196$; sin $a = 0,976$;

cot $a = 0,201$; séc $a = 5,08$; coséc $a = 1,024$.

tang $a = -1,33$ donne cos $a = -0,601$; sin $a = 0,793$

cot $a = -0,752$; séc $a = -1,664$; coséc $a = 1,261$.

Ex. 35 (N).

4 séc $a - 9$ cos $a - 9 = 0$. Posons séc $a = x$.

$$4x - \frac{9}{x} - 9 = 0; \quad 4x^2 - 9x = 9; \quad x = 1/8\left(9 \pm \sqrt{9^2 + 144}\right)$$

$$x' = 3; \quad x'' = -3/4.$$

Rép. D'après le n° 20, séc $a = 3$ donne cos $a = 1/3$.

tang $a = 2,828$; sin $a = 0,943$; cot $a = 0,353$; coséc $a = 1,06$.

séc $a = -3/4$ ne convient pas; une sécante ne peut être plus petite que 1 en valeur absolue.

Ex. 36 (N).

$7\sin a - 3\,\text{coséc}\,a + 2,5 = 0$; posons $\sin a = x$. $7x - \dfrac{3}{x} + 2,5 = 0$,

$7x^2 + 2,5x - 3 = 0$; $x = 1/14\left(2,5 \pm \sqrt{(2,5)^2 + 84}\right) = 1/14(2,5 \pm 9,5)$
$x' = 1/2$; $x'' = -12/14 = -6/7$.

Rép. $\sin a = 1/2$; $a = 30$; $\cos a = 1/2\sqrt{3}$, etc. V. le tableau de l'Ex. 24 (N). $\sin a = -6/7$ appartient à un arc plus grand que 180°; nous ne le considérons pas. Le lecteur peut d'ailleurs, si cela lui convient, calculer aisément les autres lignes trigonométriques de cet arc.

Ex. 37 (N).

$$\text{Tang}\,(45° + a) = 2 + \sqrt{3}; \qquad \text{Posons} \qquad \text{tang}\,a = x$$

$$\text{Tang}\,(45° + a) = \frac{1 + \text{tang}\,a}{1 - \text{tang}\,a} = \frac{1 + x}{1 - x} = 2 + \sqrt{3};$$

d'où $\quad 1 + x = 2 + \sqrt{3} - 2x - x\sqrt{3}; \qquad x\left(3 + \sqrt{3}\right) = 1 + \sqrt{3};$

$$x = \frac{1 + \sqrt{3}}{3 + \sqrt{3}} = \frac{1 + \sqrt{3}}{\sqrt{3}\left(\sqrt{3} + 1\right)} = \frac{1}{\sqrt{3}}.$$

$\text{Tang}\,a = \dfrac{1}{\sqrt{3}}\quad$ donne, d'après le n° 21, $a = 30°$.

Ex. 38 (N).

Rép. Deux solutions $a = 15°$ et $a = 75°$.

$\text{Tang}\,(45° + a) : \text{tang}\,(45° - a) = 3; \qquad$ Posons $\quad\text{tang}\,a = x$.

$$\frac{1 + x}{1 - x} : \frac{1 - x}{1 + x} = \frac{(1 + x)^2}{(1 - x)^2} = 3; \qquad \text{d'où} \qquad \frac{1 + x}{1 - x} = \pm\sqrt{3}.$$

ou $\qquad \dfrac{1 + \text{tang}\,a}{1 - \text{tang}\,a} = \text{tang}\,(45° + a) = \pm\sqrt{3}.$

$\sqrt{3}$ est la tang de 60° (tableau de l'Ex. 24 (N); $\quad -\sqrt{3}$ la tang. de $180° - 60° = 120°$. Nous avons donc $45° + a = 60°$; d'où $a = 15°$; et $45° + a = 120°$; d'où $a = 75°$.

6

Ex. 39 (N).

Rép. 1re sol. $a = 30°$; 2e sol. $a = 150°$.

Tang $(45° - a) + \cot(45° - a) = 4$.   Posons tang $a = x$.

$$\frac{1 - x}{1 + x} + \frac{1 + x}{1 - x} = 4; \quad (1 - x)^2 + (1 + x)^2 = 4(1 - x)^2;$$

$$2 + 2x^2 = 4 - 4x^2; \quad 6x^2 = 2; \quad x^2 = 1/3. \quad x = \pm \frac{1}{\sqrt{3}};$$

$$\text{tang } a = \frac{1}{\sqrt{3}} \quad \text{donne} \quad a = 30°; \quad \text{tang } a = -\frac{1}{\sqrt{3}} \quad \text{donne}$$

$$a = 180° - 30° = 150°.$$

Ex. 40 (N).

Tang $(45° - a) = -3$.   Posons tang $a = x$.

$$\frac{1 - x}{1 + x} = -3; \quad 1 - x = -3 - 3x; \quad 2x = -4; \quad x = -2.$$

Rép. D'après les n°s 22 et 20;   tang $a = -2$ donne $\cos a = -0,446$; $\sin a = 0,892$; $\cot a = -0,5$;   séc $a = -2,236$;   coséc $a = 1,118$.

Ex. 41 (N).

$2\text{tang } a + 3 \text{ tang}(45° - a) = 10 - \sqrt{3}$.   Posons tang $a = x$

$$2x + 3 \times \frac{1 - x}{1 + x} = 10 - \sqrt{3} = 10 - 1,7320 = 8,2680$$

$$2x + 2x^2 + 3 - 3x = 8,268 + 8,268x.$$

$$2x^2 - 9,268x = 5,268; \quad x^2 - 4,634x = 2,634;$$

$$x = 2,317 \pm \sqrt{(2,317)^2 + 2,634} = 2,317 \pm 2,827;$$

$$x' = 5,144; \quad x'' = 0,51,$$

Rép. Tang $a = 5,144$ donne $\cos a = 0,190$;   séc $a = 5,244$; $\sin a = 0,977$; $\cot a = 0,194$;   coséc $a = 1,023$.
Tang $a = 0,51$ donne $\cos a = 0,891$;   séc $a = 1,122$;
$\sin a = 0,454$; $\cot a = 1,960$;   coséc $a = 2,202$.

Ex. 42 (N).

$$\text{Tang } a = \frac{2\text{ tg } a}{1 - \text{tg } a}; \quad \text{tang } 3a = \text{tang }(a + 2a) = \frac{\text{tg } a + \text{tg } 2a}{1 - 2\text{ tg } a\,\text{tg } 2a}.$$

Je remplace $\text{tg } 2a$, et je chasse les dénom^{rs} des deux termes.

$$\text{Tang } 3a = \frac{\text{tg } a - \text{tg}^3 a + 2\text{ tg } a}{1 - \text{tg}^2 a - 2\text{ tg}^2 a} = \frac{3\text{tg } a - \text{tg}^3 a}{1 - 3\text{ tg}^2 a}.$$

$Rép.$ $\text{Tang } 3a = \dfrac{3\text{ tang } a - \text{tang}^3 a}{1 - 3\text{ tang}^2 a}.$

Ex. 43 (N).

$$\frac{\cos a + \sin a}{\cos a - \sin a} = \frac{(\cos a + \sin a)^2}{\cos^2 a - \sin^2 a} = \frac{\cos^2 a + \sin^2 a + 2\sin a\cos a}{\cos^2 a - \sin^2 a}$$

$$= \frac{1 + 2\sin a\cos a}{\cos 2a} = \frac{1 + \sin 2a}{\cos 2a} = \frac{\sin 2a}{\cos 2a} + \frac{1}{\cos 2a}$$

$$= \text{tang } 2a + \sec 2a.$$

Ex. 44 (N).

ERRATA. *Remplacez dans le dénominateur de l'énoncé* $tang^2(45°+a)$ *par* $tang^2(45°-a)$.

$$1 - \text{tg}^2 (45° - a) = 1 - \frac{1 - \text{tg } a)^2}{1 + \text{tg } a)^2} = \frac{2\text{ tg } a}{(1 + \text{tg } a)^2}$$

$$1 + \text{tg}^2 (45° - a) = 1 + \frac{(1 - \text{tg } a)^2}{(1 + \text{tg } a)^2} = \frac{2(1 + \text{tg}^2 a)}{(1 + \text{tg } a)^2}$$

$$\frac{1 - \text{tg}^2 (45° - a)}{1 + \text{tg}^2 (45° - a)} = \frac{2\text{ tg } a}{2(1 + \text{tg}^2 a)} = \text{tg } a : \sec^2 a = 2\sin a\cos a = \sin 2a.$$

Ex. 45 (N).

$$1 + \cos 2a \cos 2b = 1 + (\cos^2 a - \sin^2 a)(\cos^2 b - \sin^2 b) =$$
$$1 + \cos^2 a \cos^2 b - \cos^2 a (1 - \cos^2 b) - \sin^2 a (1 - \sin^2 b) +$$

$$\sin^2 a \sin^2 b = 1 + \cos^2 a \cos^2 b - \cos^2 a + \cos^2 a \cos^2 b - \sin^2 a +$$
$$\sin^2 a \ \sin^2 b + \ \sin^2 a \sin^2 b = 1 - (\cos^2 a + \sin^2 a) +$$
$$2\cos^2 a \ \cos^2 b + 2\sin^2 a \ \sin^2 b = 2\cos^2 a \ \cos^2 b + 2\sin^2 a \ \sin^2 b.$$

Ex. 46 (N).

Données. $x+y = 72°28' 39''$ et $\sin x : \sin y = {}^5/_3$.

D'où $\sin x + \sin y : \sin x - \sin y = (5+3) : (5-3)$,

ou d'après le n° 34, $\operatorname{tg} {}^1/_2 (x+y) : \operatorname{tg} {}^1/_2 (x-y) = 8 : 2 = 4.$

$$\operatorname{Tg} {}^1/_2 (x-y) = {}^1/_4 \operatorname{tg} {}^1/_2 (x+y);$$
$$\log \operatorname{tg} {}^1/_2 (x-y) = \log \operatorname{tg} {}^1/_2 (x+y) - \log 4.$$
$${}^1/_2 (x+y) = 36° 14' 19'',5.$$

$$
\begin{array}{ll}
\text{Log } \operatorname{tg} {}^1/_2 (x+y) = \overline{1},8650615 & \\
\text{Log } 4 = 0,4771213 & \\
\hline
\log \operatorname{tg} {}^1/_2 (x-y) = \overline{1},3879402 & \\
\end{array}
$$

$$\quad\quad\quad\quad\quad\quad\quad\quad\quad\quad 44,1$$
$$0196 \quad\quad 9,5$$
$$222$$
$$3969$$

$$101$$

$${}^1/_2 (x-y) = 13° 43' 44,2$$

$$3910 \,|\, 914$$
$$2540 \,|\, 4,2$$

$${}^1/_2(x-y) = 13°43'44,2$$
$${}^1/_2(x+y) = 36°14'19,5$$

$$\textit{Rép.} \begin{cases} x = 49°58' \ 3,7 \\ y = 22°30'35,3 \end{cases}$$

Ex. 47 (N).

$$x+y = 108°19'54''; \ \cos x + \cos y = {}^{12}/_5; \ {}^1/_2 (x+y) = 54°9' 57''.$$
$$(\cos x + \cos y) : (\cos x - \cos y) = (12+5) : (12-5) = {}^{17}/_7.$$
$${}^{17}/_7 = 2 \cos {}^1/_2 (x+y) \cos {}^1/_2 (x-y) : 2 \sin {}^1/_2 (x+y)$$
$$\sin {}^1/_2 (x-y) = \cot {}^1/_2 (x+y) \cot {}^1/_2 (x-y).$$
$$\text{Log} \cot {}^1/_2 (y-x) = \log 17 - \log 7 - \log \cot {}^1/_2 (x+y).$$

$$
\begin{array}{ll}
\text{Log } 17 = 1,2304489 & \text{Log } 7 = 0,7781513 \\
\quad\quad\quad 0,6367665 & \text{Log} \cot {}^1/_2 (x+y) = \overline{1},8586152 \quad 6019 \\
\hline
\quad\quad\quad 0,5936824 & \quad\quad\quad\quad\quad 0,6367665 \quad\quad 133 \\
{}^1/_2 (x-y) = 14°17'54'' & \quad\quad\quad\quad\quad\quad 320 \\
{}^1/_2 (x+y) = 54° 9'57'' & \quad\quad\quad\quad\quad\quad\overline{345} \\
\end{array}
$$

$$\textit{Rép.} \begin{cases} x = 68°27'54'' \\ y = 39°52' \ 3'' \end{cases}$$

Ex. 48 (N).

$x+y = 76°58'41''$; tang x : tang $y = 3,52 : 1,5 = 352 : 150$.
(tang$x$+tang$y$) : (tang$x$—tang y) = (352+150) : (352—150) =
502/202.   Mais tang x+tg y = sin $(x+y)$: cos x cos y;
tg x — tg y = sin $(x-y)$: cos x cos y ;

$$\text{Donc } \frac{\text{tg}x+\text{tg}y}{\text{tg}x-\text{tg}y} \text{ ou } \frac{502}{202} = \frac{\sin(x+y)}{\sin(x-y)}.$$

$$\sin(x-y) = \frac{\sin(x+y) \times 202}{502}.$$

Log sin $(x-y)$ = log sin $(x+y)$+log 202—log 502.

Log sin $(x-y) = \overline{1},9906855$ $\frac{1}{2}(x+y) = 38°29'20'',5$
Log 202 $= 1,3053514$ $\frac{1}{2}(x-y) = 11°32\ \ 7$
$\qquad\qquad\overline{1,2940369}$ $x = \overline{50°\ 1'27'',5}$
Log 502 $= 1,7009037$ $y = \overline{26°57'13'',5}$ $\Big\}$ *Rép.*
Log sin $(x-y) = \overline{1},5931332$
$x-y = \ \ 23°\ 4'14''$

Ex. 49 (N).

$x+y = 112°49'57''$: sin $x = \frac{4}{9}$.
2 sin x sin $y = \frac{8}{9} = \cos(x-y) - \cos(x+y)$;
d'où cos $(x-y) = \frac{8}{9} + \cos(x+y)$.

Je cherche donc cos $(x+y)$, et j'additionne $\frac{8}{9}$ et la valeur trouvée.

Cos $(x+y) = \cos(180° - (x+y)) = -\cos 67°10\ 3''$.

Log cos $67°10'3'' = \overline{1},5889047$; cc cos lui-même = 0,388065.

Cos $(x+y) = -0,388015$; $\frac{8}{9} = 0,888889$; cos $(x-y) = 0,500824$.

Log cos $(x-y) = \overline{1},6996852$; $x-y = 59°56'43$.
$\frac{1}{2}(x+y) = 56°24'58'',5$ $x = 86°23'20''$. $\Big\}$ *Réponse.*
$\frac{1}{2}(x-y) = 29°58'21'',5$ $y = 36°26'37''$.

Ex. 50 (N)

$x+y = 68°19'40''$; $\cos x \cos y = {}^8/_{15}$.

$2 \cos x \cos y = {}^{16}/_{15} = \cos (x+y) + \cos (x-y)$;

$\cos (x-y) = {}^{16}/_{15} - \cos (x+y)$.

Je suis la même marche que dans l'Ex. 49 (N.).

$\text{Log} \cos (x+y) = \overline{1},5673749$; $\cos (x+y) = 0,369292$.

$\text{Cos} (x-y) = {}^{16}/_{15} - \cos (x+y) = 1,066667 - 0,369292 = 0,697375$.

$\text{Log} \cos (x-y) = \overline{1},8434664 \qquad x-y = 45°47$.

$\frac{1}{2}(x+y) = 34° \ 9'50'' \qquad x = 57° \ 3'20''$.

$\frac{1}{2}(x-y) = 22°53'30'' \qquad y = 11°16'20''$. $\Bigg\}$ *Réponse.*

FIN.

Paris. — Imprimerie de GUSSET et Cᵉ, rue Racine, 26.

tous les établissements d'instruction publique, conforme aux deux programmes officiels, considérablement augmenté et amélioré, contenant plus de 1200 exercices théoriques et pratiques. 10e édition. 1 vol. in-8.   4 fr. 50

11. **COURS COMPLET D'ALGÈBRE ÉLÉMENTAIRE** (n° 1 *bis*), à l'usage des élèves de l'enseignement secondaire spécial des lycées et colléges, et de tous les établissements d'instruction publique, conforme au programme officiel, contenant un très-grand nombre d'exercices théoriques et pratiques. Nouvelle édition. 1 vol. grand in-18 jésus, cartonné.   3 fr.

12. **ALGÈBRE ÉLÉMENTAIRE** (n° 2), à l'usage des classes de lettres (seconde et philosophie) et des classes élémentaires, renfermant un très-grand nombre d'exercices de calcul algébrique et de questions usuelles de tout genre. 1 vol. in-18, cartonné.   2 fr. 25

13. **COURS DE MATHÉMATIQUES APPLIQUÉES.** Levé des plans, arpentage, nivellement, notions de géométrie descriptive, à l'usage des lycées, des colléges, et de tous les établissements d'instruction publique, des instituteurs et des écoles normales primaires. 5e édit. 1 vol. in-8.   4 fr.

14. **LEÇONS DE COSMOGRAPHIE**, à l'usage des lycées et des colléges, et de tous les établissements d'instruction publique. 6e édit. 1 vol. in-8. (*Avec figures dans le texte et une planche de teintes en signes conventionnels*).   4 fr.

15. **COURS ÉLÉMENTAIRE DE TRIGONOMÉTRIE RECTILIGNE**, à l'usage des lycées, colléges, et de tous les établissements d'instruction publique, conforme aux programmes officiels des deux enseignements secondaires, contenant un grand nombre d'exercices théoriques et pratiques. 5e édition. 1 vol. in-12.   2 fr.

16. **PETIT TRAITÉ THÉORIQUE ET PRATIQUE DE L'ASSURANCE SUR LA VIE.** 2e édition, 1865. 1 vol. in-18.   1 fr.

LIVRES DU MAITRE

(SOLUTIONS DÉVELOPPÉES DES QUESTIONS PROPOSÉES DANS LES OUVRAGES PRÉCÉDENTS).

1. **ÉLÉMENTS D'ARITHMÉTIQUE THÉORIQUE ET PRATIQUE.** *Livre du maître*, contenant les solutions développées des questions proposées dans l'Arithmétique n° 2, nouv. édit., 1 vol. in-18, cartonné.   2 fr. 50

2. **EXERCICES ET SOLUTIONS DÉVELOPPÉES** des questions proposées dans l'Arithmétique n° 3; *livre du maître.* 2e édition, 1 vol. in-18, cartonné.   2 fr. 50

3. **RECUEIL D'EXERCICES** sur les sujets les plus usuels, annexe et supplémentaire aux Arithmétiques nos 1, 2, 3. *Livre du maître*, réponses et solutions développées. 1 vol. in-18, cartonné.   3 fr.

4. **RECUEIL D'EXERCICES DE GÉOMÉTRIE ÉLÉMENTAIRE**, énoncés et solutions développées des questions proposées dans les deux cours de géométrie in-8 et in-18, n° 1 et n° 2, à l'usage de tous les établissements d'instruction publique. 2e édition, 1 vol. in-8.   5 fr.

5. **RECUEIL D'EXERCICES THÉORIQUES ET PRATIQUES D'ALGÈBRE ÉLÉMENTAIRES**, énoncés et solutions développées des questions proposées dans les Cours d'algèbre n° 1, n° 1 *bis*, et n° 2, à l'usage des classes de sciences, des classes de lettres et des cours professionnels. 1 vol. in-8.   7 fr.

6. **SOLUTIONS DÉVELOPPÉES** des questions proposées dans la trigonométrie. Nouvelle édition. 1 vol. in-12.   2 fr.

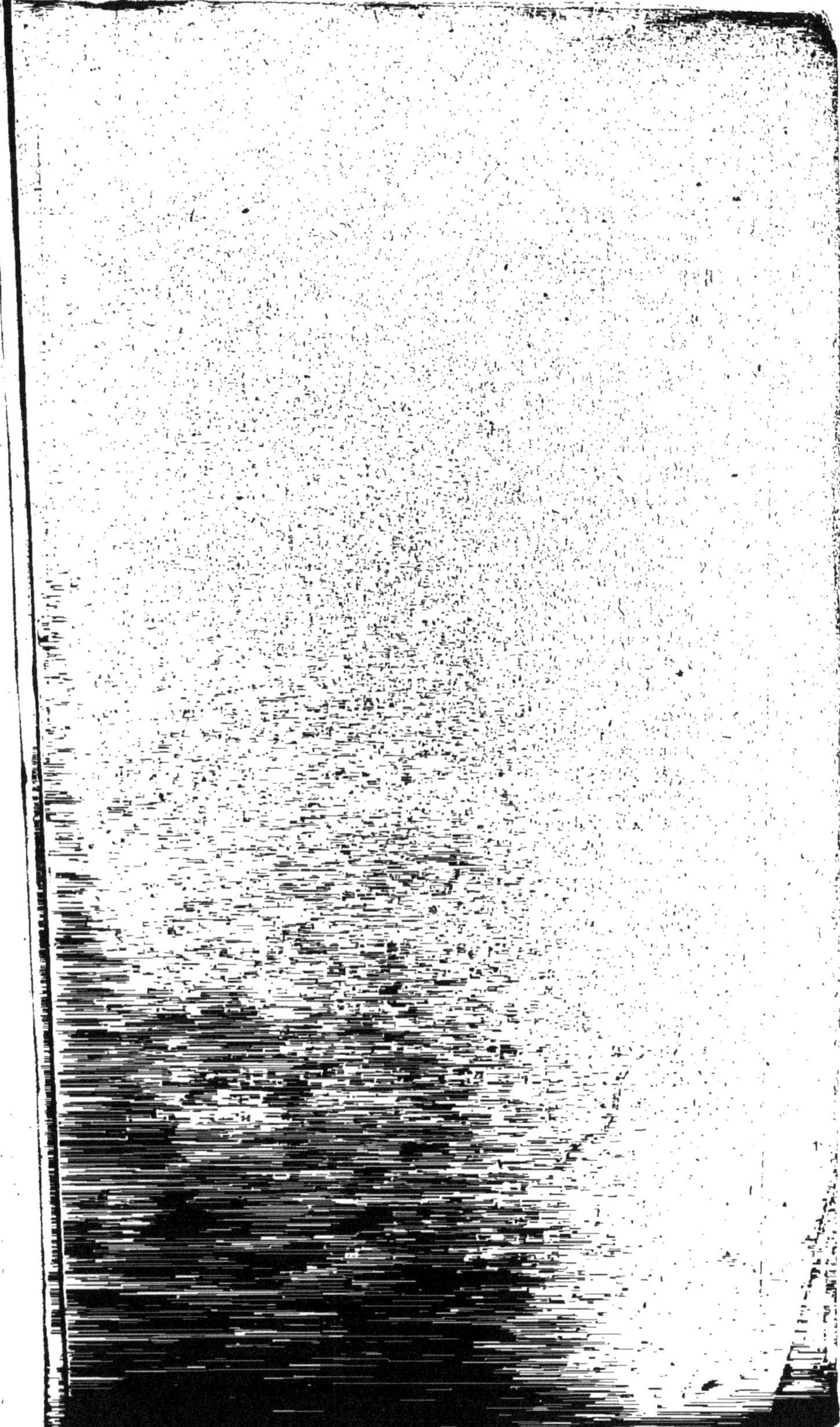

9 782019 951139